让优秀成为一种习惯
从新人到精英的职场跃迁

郑荣官◎著

中国纺织出版社有限公司

内 容 提 要

人生有很多重要的阶段，我们告别校园后，就要进入职场。一个人的职场状态如何直接关系到他的人生命运、生存状况，而如何在职场顺风顺水，是每一个职场人都想知道的答案。

本书就是这样一本职场进军指南，告诉每一个初入职场的年轻人，一定要把握进入职场的最初五年，并给予我们正确的指导，帮助我们增强业务技能，练就人际交往的本领，进而成为一个成熟的职场达人。

图书在版编目（CIP）数据

让优秀成为一种习惯：从新人到精英的职场跃迁/郑荣官著. --北京：中国纺织出版社有限公司，2021.2

ISBN 978-7-5180-7707-6

Ⅰ. ①让… Ⅱ. ①郑… Ⅲ. ①成功心理—通俗读物 Ⅳ. ①B848.4-49

中国版本图书馆CIP数据核字（2020）第140254号

责任编辑：张 羽　　责任校对：高 涵　　责任印制：储志伟

中国纺织出版社有限公司出版发行

地址：北京市朝阳区百子湾东里A407号楼　邮政编码：100124

销售电话：010—67004422　传真：010—87155801

http：//www.c-textilep.com

中国纺织出版社天猫旗舰店

官方微博http：//weibo.com/2119887771

三河市延风印装有限公司印刷　各地新华书店经销

2021年2月第1版第1次印刷

开本：880×1230　1/32　印张：7

字数：114千字　定价：39.80元

前 言

我们每个人都知道，我们离开学校后，就要走进职场，就要面临激烈的竞争。事实上，在短短的五年时间，你在职场的地位就能很清楚地显现出来。我们先来假设一下，有两个年轻人，他们能力不相上下，也都一无所有，同时进入一家公司。一个年轻人总是积极向上，每天干劲十足、努力充实自己，每每遇到挫折，他总是鼓励自己不能消极；另外一个年轻人，他目标模糊、满足于现状，每天浑浑噩噩、得过且过。想象一下，五年后，他们会有什么不同？

的确，尽管只是五年的时间，他们的差距已经显现出来了：前者通过自己的奋斗，从职员到团队主管，再到部门经理，再到总经理，已经小有财富，做人办事顺风顺水，事业越做越大、春风得意；而后者，稍微遇到一些问题，便慨叹自己解决不了，每天活在抱怨中，常常为生计、金钱而苦恼。

这两种人，你想做哪种？当然是第一种！的确，人生有很多个五年，五年的时间不算短，你能从学生变成一名成熟的社会人士，你能掌握精湛的技术，但前提是你必须要不断提升自己。在当今，如果注意力仅仅盯着眼前的薪水，满足于手头的工作，而不去增强自己的能力，去发现更辽阔的天空，我们又怎能在职场为自己赢得一片天地呢？

任何一个在职场闯出一片天地的人，无不是认识到了只有努力才能改变现在的状态，只有努力才能营造出美好的五年。其实，只要你从现在就开始努力，只需要五年的时间，你的生活和生存状态就会发生翻天覆地的变化。

不得不说，从学校走入职场后，最重要的就是前五年，这五年决定着你将来的职业发展方向，甚至决定着你三十岁以后的生存状况。如果这五年不是一个不断积累经验、提升技能的过程，而是一段兜兜转转、没有目标的时光，那么你后续的职业生涯一定会比同龄人走得更艰难。

当然，毕业后的五年内，你也可能会从一名职场小白逐渐成长为资深的职场人，获得领导青睐、薪水不断上涨，猎头争相给你打电话，竞争对手想着如何挖你过去，公司格外器重你。如果你也希望有这样的“优待”，别无他法，唯有不断提升自己，练就优秀的习惯。

身处职场的你，如果也是一名职场新人，如果也希望崭露头角，在职场做出一番成绩，你就要不断奋进，让优秀变成自己的习惯。那么，现在你可能需要一位职场导师，引导你找到职场奋斗的方向，帮助你提升自己。

本书就是这样一本职场升迁宝典。本书从新人找工作、面试，从与同事相处到工作方法，从提升自己到职业规划，结合具体的职场案例，给大家传授最实用的职场经验，给刚开始参加工作的年轻人一些最实用的指导。当你感到迷茫，遭遇职业瓶颈的时候，看看书中的案例和经验之谈，说不定就能豁然开朗。

作者

2020年4月

目 录

第01章

谁都不是天生优秀：找到优秀者的隐藏属性

拥有独立的思想，找到属于自己的成功之路

巴菲特说："思想枯竭，则巧言生焉。"这样看来，巴菲特显然一直自信于自己的所思所想，并随时准备捍卫自己的思想。他从来不喜欢跟随大众，而喜欢与众不同。巴菲特这种独立思考的性格十分适合做投资，因为只有与众不同的思考和行动才能取得与众不同的业绩。对此，巴菲特的导师格雷厄姆说："在华尔街成功必须具备两个条件：第一，正确思考；第二，独立思考。"巴菲特能避开股市大众中"恐惧和贪婪"这两样传染病的关键点在于他从小到大都喜欢独立思考。巴菲特认为，只有独立思考，做事才能成功。在他看来，想要成功的人应该习惯用脖子以上的部分做事。

在大学时，巴菲特性格比较内向，见了女生，他会满脸涨得通红。不仅如此，他也不热衷于交际，因为在应酬中需要喝酒，而巴菲特最讨厌的就是喝酒，他每次只能看着其他人大口饮酒，有时候甚至会需要为这些酒鬼买单。这还不是最令他讨厌的，他最不喜欢的就是那些喝了酒话很多的人，他们总会逮着他追问这样或那样的问题。

巴菲特在大学时，有一天晚上，他参加酒会回来，对室友

说："参加酒会很没趣，还不如待在宿舍唱歌呢！"室友一听巴菲特要在宿舍唱歌，心想这可坏了，得让他出门交际去。结果，在室友的介绍下，巴菲特认识了"赛艇"这项运动，而且室友热烈提议："你知道吗？参加赛艇大赛是学校最轰动的比赛，赢得冠军的队员，会有无数女生来追，你人比较瘦，体重合适，最适合这项运动了。"在室友的强烈建议下，巴菲特加入了赛艇俱乐部。

赛艇有极强的重复性和节奏性，与巴菲特之前所参加的活动相比较，它还是一个团体性运动。在巴菲特所熟悉的运动中，诸如乒乓球、高尔夫、举重，都是他独自与竞争对手比赛，不需要队员的配合。赛艇所要求的团队精神，正是巴菲特所需要学习的，巴菲特从小就比较孤僻，他总喜欢一个人，不愿意与别人配合，他希望身边的人都配合自己，他把自己摆在一个领导者的位置。不过，巴菲特又是一个不服输的人，为了提升自己，他每天下午都要花两个小时去练习，经常搞到身体疲惫、浑身是汗才罢休。过了两周，吃尽了苦头的巴菲特宣布退出赛艇俱乐部，因为他还是喜欢独立思考。

或许巴菲特天生就具有领导者的条件，他喜欢独立思考，不喜欢配合别人，因此，所谓的团队合作不怎么适合他，他更适合领导一个团队运作。对于任何一个投资者而言，独立思考都是非常重要的。巴菲特曾说："投资成败一定源于思想层面的深刻领悟。所以当真正出现问题的时候，只有对着镜子说话。”真正的投资者应该具有较强的思考能力，他们必须通过自己的思考去解决问题。

巴菲特曾说：“假如你想理发，就不要问理发师你需不需要理发。当有人想让我采纳他们的意见时，我会告诫他们：‘用我的头脑加上你们的钱，做得更好。’你必须学会独立思考。我一直很不明白高智商的人为什么会轻易模仿别人。我们从不把好的主意告诉别人。”同时，巴菲特还说：“在决定什么东西是对，什么东西是错的时候，我必须依靠自己的独立思考去作判断。我认为，假如我们每个人都能依靠自己的独立思考去作判断，那么这个世界将会变得更美好。即便我们的思考相同，作出的判断也不一定一致。”

1. 学会辩证思考

其实，任何事情都有两面性，你可以主动寻找与自己观点不一致的经历。举个例子，在人生的十字路口，一份高薪职位摆在面前，究竟是去还是不去？一般情况下，你会想人往高处走，自然会选择更上一层楼。假如你尝试着说“不去”，把个人发展放在第一位，那么你一样可以说服自己。

2. 脱离习惯的圈子

每天七点起床，九点上班，上相同的网站，吃相同的食物，与相同的人说话——这种公式化的工作与生活很容易令人厌倦。在生活中，一些人习惯了这样简单而重复的日子，因为这样可以带来安全感。不过，假如你想要独立思考，则需要跳出你所习惯的生活圈子。

3. 做一个旁观者

当人生遭遇困境时，不妨跳出去，做个真正的旁观者。这时，我们会发现自己的第三只眼睛可以赋予自己这样一种自由；从另外一个角度看问题。这时，作为旁观者的冷静会带给我们一种思考自我的平和状态。静静地思考，可以帮助我们更好地去想如何解决问题。

对于人生最好的投资是学习

巴菲特常常说："对我来说，自己收益最高的投资是学习。"谈到自己的学习，他忍不住骄傲地说："这笔财富已经创造的物质以及它本身都在随着时间的推移而不断地增长，因此，可以说它是我最成功最漂亮的一次投资了。"在投资市场中，巴菲特制胜的法宝就是知识，在实际投资过程中，他曾无数次运用自己掌握的股票知识赚取丰厚的利润。学习，是我们每个人都应该养成的良好习惯。一个人若是能养成终身学习的习惯，他就能够把握人生的正确方向。

著名的芝加哥商人杰克曾说："我常常需要花一个星期的时间去拜访国内的同行商店，与它们的经营者彼此交换自己对经营的看法；我每年总要外出旅行一次，去考察各家著名商店的管理与经营。我觉得，要使自己可以站在广阔、不偏的视野上观察自己的素养，要保持自己的事业永不衰败，这种旅行是绝对的必需品。"

在每一次的拜访与旅行中，杰克都在不断地完善自己，努力使自己的商店更好一点。对此，杰克表示"这样的学习已经成为一种习惯了"。如果杰克从来不出自己的店门，不与其他商人交流，那么，他自己所经营的商店就不会获得进步，有可能永远在原地踏步。

美国心理学巨匠威廉·詹姆斯曾说："播下一种习惯，收获一种性格；播下一种性格，收获一种命运。"在现实生活中，许多人知识匮乏，能力不足，碌碌无为，有的人甚至误入歧途，这是为什么呢？其实，一个很重要的原因就是他们不能自觉、持续地学习。有的人从来不当学习是乐趣，而是把学习当作一种负担；有的人说起学习来头头是道，但是，自己从未付诸实际行动。他们不学习的根本原因并不是"学习枯燥乏味""太忙没时间"，关键在于他们没有养成良好的学习习惯。

海伦·凯勒，美国著名的女学者，她在一岁半时就因病成为一个盲聋哑人。后来，在家庭教师沙利文的悉心教导下，她凭着自己顽强的毅力，学习了数学、自然、法语、德语，更是以优异的成绩考取了哈佛大学女子学院。她把自己的一生献给了盲人福利和教育事业，还完成了14部著作。知识，改变了她的一生。

第一次接触知识的时候，海伦·凯勒和老师沙利文在一起，老师带着海伦走到喷水池边，要海伦把小手放在喷水孔下，让清凉的泉水溅在海伦的手上，接着，老师在海伦的手心写下了“water”这个词。那是海伦第一次感受到知识的力量。后来，海伦回忆说：“不知怎的，语言的秘密突然被揭开了，我终于知道水就是流过我手心的一种物质。这个词唤醒了我的灵魂，给我以光明、希望、快乐。”

后来，海伦·凯勒进入了位于马萨诸塞州的剑桥女子学校。1900年秋季，海伦申请进入哈佛大学拉德克利夫学院就读，这对于一个失明和失聪的女人而言，可说是难如登天。在哈佛学习四年之后，她以优异的成绩获得了文学学士学位，成为了首位毕业于高等院校的聋哑人。

海伦·凯勒养成了学习的好习惯，而知识成就了她的一生。获得成功之后，她没有忘记那些生活在黑暗世界中的孩子，她将自己一生所学得的知识用以盲人福利和教育，她希望更多的盲人孩子感受到知识的快乐。对此，有人曾这样评价她："海伦·凯勒是人类的骄傲，是我们学习的榜样，是人类善良的化身，相信她的事迹能成为后世的典范。"

对巴菲特而言，在他至今为止所进行的投资中，令他受益最多的应该是一个泛黄的笔记本，那个笔记本被巴菲特一直珍藏在抽屉里。当所有人都感到惊奇的时候，巴菲特却说："这是真的，这个笔记本是我小时候买的，现在它已经成了我最珍贵的财富了。"原来，那个看似不起眼的笔记本里记载了巴菲特平时的学习心得，以及一些投资想法和投资经历。

1. 不能缺少"知识"的养分

一个人的成长不应只是身体外在的成长，心灵也应该得到相应的充盈，如此，你的外在和内在才能得到较好的统一。在生活中，有的人一大把年纪了，他的修养与内涵却甚是欠缺，这样的人，他的心灵缺少知识的滋养，已近枯萎。

2. 让学习相伴终生

现代社会，是一个学习的社会，无论你毕业于哪所大学，从你踏入这个社会开始，你就必须学习；无论你有多大的本事，你都明白学习的必要性。甚至，学习将伴随我们的一生，你是否好学，将直接决定你未来能走多远。一个人最大的缺陷并不是没有接受过教育，而是他放弃了学习的机会。

追求卓越，追求一百分的原则

不论是从事哪种行业，或者是干什么工作，如果你能成为这项工作的第一名，或是本行业的第一名，那么金钱的丰厚回报便是水到渠成的。假设你是理发师，你的技术和创意是一流的，你的收入也会是这个行业一流的；假设你是销售员，你的业绩能做到全公司第一，或是全行业第一，那么你的收入不用说也会是第一。无论做什么，把它做到极致，便是最好的。

我们所看的电视机，最早是黑白的，后来发展到彩色的，又发展到直角平面大屏幕，又发展到数码高清晰度的。我们用的电话，刚开始时，是一对一的连线，后来发展到一部电话可以打往全国各地，世界各地，又发展到不用电线的手机，而现在的手机还可以拍照、上网、视频通话、导航等。

世界上的任何事情都像电视机和电话一样，都在迭代更新。不论你是汽车修理工，是保洁员，是大公司的电脑操作员，还是公司的老板，在你工作的范围内，任何事情，所有方面，都可以做得更好，更加进步。就像一条湿毛巾，你第一次拧可以拧出水来，第二次拧还可以拧出水来，第三次、第四次……如果力道足够，照样可以拧出水来。这就是追求卓越，追求100%的原则。

有一位开制衣厂的老板，他的工厂需要裁布用的剪子，他买的剪子全部是德国制造的，一把剪子的价格是普通剪子的十多倍。他说，尽管价格贵了很多倍，但他愿意付。

这种剪子的使用寿命比普通剪子要长十多倍。普通剪子用不了多久便钝了，你需要花时间去磨，磨了几次后剪子便不再锋利，但这种德国剪子，你可以一直用，始终很锋利，不需要磨。

你完全可以想象，制造出这种剪子的工厂，一定是坚持追求极致，追求100%的原则，才能生产出这种高质量的剪子。

只要细心，我们可以在很多领域都体会到追求100%的精神，这种精神不仅会提高产品质量，也会带来丰富回报。

一名酒店服务员是这样做一杯柠檬汁的：他把柠檬汁倒在一个玻璃杯中，然后拿起杯子转两圈，以便让柠檬汁都均匀地流在玻璃杯杯壁上。然后他再切两片鲜柠檬，用手挤出汁放在杯子中，再用一个小铁钩把柠檬核挑出来。这样，端上来的新鲜柠檬汁的底部便不会有沉淀，两片新鲜的柠檬已挤出汁液，而且柠檬核也已挑出。

尽管一杯柠檬汁水只值几元，但这种服务精神给人印象很深。尽管这家酒店的柠檬水稍贵一点，但它物有所值。人们欣赏并敬佩这家酒店服务员的工作精神，付费时，给的小费往往已超过了一杯柠檬汁本身的价格。

在这个世界上有很多优秀的人，他们受过良好的教育，头脑也很聪明，知识面也很广，但是很难做出很大的成就，问题的关键就是他们普遍存在着一个共同的缺点，那就是做事时没有做到尽善尽美，只要凑合就行了。他们在工作时没有追求极致，追求100%。而是过多地去想自己的工资和待遇。这样的做事态度，其结果就是害了自己一辈子。

许多白手起家而事业有成的人，在做小学徒或小职员的时候就能以最饱满的热忱和耐心去面对上司给予他们的小工作。正所谓，“一屋不扫，何以扫天下？”只要你把自己定位在一心一意地做好身边小事的基础上，世上就没有做不好的事。用100%的态度去对待你的工作，即使是小工作也能做出大成就。

优秀的人从不受“拖延症”的摆布

很多人在生活中会有这样的行为：应该准备资料时，却在网上分享视频；应该写报告时，却在更新微博；明明手上的事情还没做完，却一会儿泡杯咖啡，一会儿整理办公桌……反正就是提不起工作的兴趣，本来该完成的正事一拖再拖。

你是不是也有这些“症状”呢？很多人纷纷表示，自己确实常常会这样。这些都是拖延症的表现。

一个早晨，小宋在上班途中，信誓旦旦地下定决心，一到办公室就着手草拟下年度的部门预算。他9点整走进办公室，但并没有立刻开始预算草拟工作，因为他突然想到应先将办公桌及办公室整理一下，以便在进行重要的工作时有一个干净与舒适的环境。他总共花了30分钟的时间，使办公环境变得有条不紊。虽然未能按原定计划在9点钟开始工作，但他丝毫不感到后悔，因为30分钟的清理工作不但使环境面貌一新，也有利于以后工作效率的提高。他面露得意神色，随手点了一支香烟，稍作休息。

此时，他无意中发现报纸上的彩图照片是自己喜欢的一位明星，于是情不自禁地拿起报纸来。等他把报纸放回报架，时间又过了10分钟。这时他略感不自在，因为他已自食诺言。不过报纸毕竟是精神食粮，也是重要的沟通媒体，身为企业的部门主管怎能不看报？何况，上午不看报，下午或晚上也一样要看。这样一想，心也就放宽了。然而，他正准备埋头工作时，电话铃响了，那是一位顾客的投诉电话。他连解释带赔罪地花了20分钟的时间才使对方平息怒气。挂上电话，他去了洗手间。在回办公室途中，他闻到咖啡的香味。原来另一部门的同事正在享受“上午茶”，他们邀他加入。他心里想，刚费心思处理了投诉电话，一时也进入不了状态，而且预算的草拟是一件颇费心思的工作，若头脑不清醒，则难以完成，于是他应邀加入，在那儿闲聊了一阵。

回到办公室后，他果然感到有了精神，满以为可以开始“正式工作”——拟定预算。可是，一看表，已经10点45分了！距离11点的部门例会只剩下15分钟。他想，反正在这么短的时间内也不太适合做庞大而耗神的工作，干脆把草拟预算的工作留到下午或明天算了。

小宋身上就有我们当中许多人的影子。一旦养成这种拖延的恶习，终将一事无成，拖延的代价实在是太大了。莎士比亚有句名言：“放弃时间的人，时间也会放弃他。”若是时间放弃了你，等待你的将是无限制的恶性循环，如果不及时醒悟，后果将不堪设想。

某网站一项对在线2250人进行的调查发现，72. 8%的人坦言自己患上了“拖延症”。同时，72. 0%的受访者坦言身边患上“拖延症”的人很多，甚至有93%的受访者表示曾经历“被拖延”的情况。

心理咨询师认为产生拖延行为的根本原因是恐惧情绪。当面临压力时，一些人会担心自己没能力面对，于是选择拖延，因为拖延会给人“掌控感”。即使失败，也可以有一个借口。

卡耐基说：“拖延会变成一个严重的问题，因为你会忽略或延误处理对你而言非常重要的事情。”拖延就是隐形的时间杀手，是最严重的浪费时间的行为，它会使我们深陷“事务性的圈子”而不能自拔。

拖延很容易让人上瘾，它对一个人的危害不仅体现在所拖的事情上，更严重的是它会侵蚀一个人的意志。当你第一次开始拖延之后，虽然被紧迫的最后期限赶得很慌乱，但是到了下一次，你还是会拖延下去，所以，一旦有了拖延的开始，就会形成拖延的习惯。很多人虽然常常被拖延症整得很头痛，也下定决心要改掉它，但是往往又很难从行动上做到。

针对“拖延症”可以这样做：首先，把繁杂的事务分成非常小的步骤。不要想着一步搞定，相反，我们要将它分解成很小的步骤，今天做一些，明天再做一些。其次，给每个小步骤制定截止日期，把时间精确到以“小时”为单位。最后，中途给自己一点奖励。比如，按时完成一个小步骤后，给自己一点时间放松，喝点儿咖啡，聊会儿天什么的。其实，一旦开始做事了，你多半会发现自己会赖在上面不想停下来。

大胆抓住展示自己的机会

很小的时候，我们就学过《骄傲的公鸡》这篇课文，每个人都深深记住了要谦虚的道理。然而，几十年的光阴流转，现代社会已经不再提倡盲目谦虚，很多时候，谦虚非但对于我们的发展没有好处，还会让我们惨遭埋没，错失很多机会。在这种情况下，适当地认可自己，展示自己，应该成为主流的教育思想。尤其是在现代社会，父母在教育孩子的时候都应该注重孩子综合素质的提高，让孩子能够成长得落落大方，而不是看到别人就害羞。

的确，虽然你很优秀，但是这个世界上伯乐并不常有，假如你不能主动地展现自己，又如何让伯乐从熙熙攘攘的人群中一眼就发现你的存在呢？很多人都知道毛遂自荐的故事，假如毛遂当初不是主动自荐，只怕他继续再当三年门客也依然无人知晓他的存在，更别说认可他的才华了。现代的职场竞争尤其激烈，要想在职场上出人头地，我们也要学会毛遂自荐，这无疑是效率最高的进步途径之一。

通过《正大综艺》这个经典栏目，人们认识了杨澜，可以说，杨澜的事业也是从《正大综艺》扬帆起航的。对加盟《正大综艺》的经过，杨澜始终没有忘记，而是记忆犹新。当时，泰国正大集团不再与地方台合作，而是开始与中央电视台合作。为此，他们急需一位女大学生作为主持人，在他人的推荐下，杨澜也得到了试镜的机会。

现实的情况是，很多人都不看好杨澜，只是觉得杨澜气质还不错，所以让她侥幸进入决赛。根据当时也参与选拔的一位导演说，尽管杨澜也被视为最佳人选之一，但并不是板上钉钉的。到最后确定人选时，电视台的好几个大领导都来到现场，他们将会最终拍板，从杨澜和另一个面容姣好的女孩子中选择一人作为主持人。杨澜很忐忑，但是这样残酷的抉择也恰恰激发了她的好胜心，她默默想道：就算我将会落选，我也必须展现自己的实力。考官给出考题：①你准备如何主持这档节目；②自我介绍。杨澜落落大方，侃侃而谈："我觉得，要想成为一名合格的主持人，容貌倒在其次，最重要的是看他能否流畅自如地与观众沟通。我很想成为这档节目的主持人，因为我本身就特别喜欢旅游，喜欢在大自然中欣赏巧夺天工的天然景色，感受各地不同的风土人情，当然，我更愿意把自己的见闻和感受与观众分享……我的名字里有个'澜'字，这是父母对我寄予的深切期望，他们希望我拥有大海般宽阔的胸怀，希望我勇敢独立，自信坚强，我的确如同父母所期望的那样……"杨澜口若悬河地讲了半个小时，行文流畅，思路清晰，从未出现颠三倒四或者磕磕巴巴的情况。这完全征服了在场的领导们，更何况他们才从杨澜的侃侃而谈中发现了她熠熠闪光的思想。就这样，自信的杨澜表现出了自己的才华，因而以较佳的气质战胜了那位面容姣好的竞争对手，成功应聘主持人。

假如从气场的角度来看，容貌上比另一位选手略显劣势的杨澜，显然是以气场震慑住了在场所有的领导和导演。正是因为不气馁不放弃的思想，让杨澜在面对呈现劣势的竞争时，丝毫没有胆怯，而是怀着破釜沉舟的想法，尽情展示自己的优秀和出色，最终博得了满堂彩，赢得了所有人的认可和赞赏。

对于现代人而言，能够恰到好处地展示自己，表现出自己的出色和优异，对于人生的发展将会起到决定性的作用。为了赢得更多的好机会，也为了给我们的人生增光添彩，我们每个人都要更加积极主动地表现自己，千万不要过度谦虚哦！

拥有敢于力争第一的雄心

当今社会，人与人之间的竞争愈发激烈。每个人都必须要具备竞争意识。而如果我们想提升竞争力，在竞争中脱颖而出并走向成功，还必须具备一个前提条件，那就是志向和雄心，这是我们不断努力、不断进取的动力。事实上，成功者永远有超出众人之外的、敢于力争第一的雄心，雄心就如同成功道路上的一盏明灯，指引人们永远向着光明的前方奋进。

的确，力争第一，是一种积极向上的心态，它为所有人创造了一种前进的动力。在很多时候，成功的主要障碍，不是能力不够，而是心态的问题。现实生活中，为什么一些人受人尊敬，一些人却被人踩在脚下？重要原因就是后者甘愿掉队，甘愿做“末等公民”，而不能根据自己的强项，去争做“一等公民”，这就注定了他们无法成大事。

确实，对于渴望成功的人来说，“力争第一”的态度能激发他们一往无前的勇气和争创一流的精神，从而使他们获得成功。力争第一，更是一种追求、一种信念、一种无畏、一种越过冷漠荒原后，看到生命绿洲的快乐。因为挑战，任何一条路都有可能；因为挑战，你的潜能会被无限地激发，你会惊喜地发现自己是如此优秀。

比尔·盖茨的格言是：“我应为王。”即使是屈居第二，对他来说，也是不可忍受的。他曾经对他童年要好的朋友说：“与其做一株绿洲中的小草，还不如做一棵秃丘中的橡树，因为小草任人践踏，而橡树昂首天穹。”

盖茨在小的时候，就有一种执着的性格和想成为人杰的强烈欲望。他的同学曾回忆说：“任何事情，不管是演奏乐器还是写文章，除非不做，否则他都会倾其全力、花上所有的时间来完成。”

他的进取精神在整个年级是赫赫有名的，几乎没有一个同学能比得过他。盖茨读四年级时，一天，老师布置了一道作业，要学生写一篇四五页长的关于人体特殊作用的文章。结果，盖茨一口气写了30多页。又有一次，老师叫全班同学写一篇不超过20页的短故事，而盖茨却写了100多页。

他的同学回忆说：“比尔不管做什么事情都要弄它个登峰

造极，不到极致决不甘心。”

说到学习，早在盖茨中学时代，他的数学就是全校学得最好的。即使在哈佛这样天才荟萃的学府，比尔·盖茨的数学才能仍然很突出。按比尔·盖茨的天分，向数学方面发展，无疑可以成为一名优秀的数学家。但他发现还有几个同学在数学方面比他更胜一筹，于是，他放弃专攻数学的打算。因为他有一个信条：在一切事情上，不屈居第二。

盖茨之所以能成为软件霸主，聪明并不是第一位的，他不愿屈居第二的志气才是真正促使他成功的动力。

生活中的人们，也应以盖茨为榜样，做到力争第一，当然，这四个字绝不能仅仅是一句口号，更要付诸行动。要知道，不想做得更好，就会做得更差。如果你是一个渴望得到重用的人，如果你希望让你的老板觉得你是不可取代的，一定要从内心决定做第一。这样，在你的意识中才会下定决心做到完美，你的个性才会真正成熟起来。那些自甘沉沦，不追求卓越，懒得提高自己的人是不会有所进步的。而如果你的工作水平无法提高和进步，你就绝不会得到任何升职和奖励的机会。

任何一个成功者都有超出众人之外的、敢于力争第一的心态。在成功之前，他们懂得必须以高于普通人的眼光来看待自己，否则自己永远都是一个弱者。在他们身上所体现出来的这种“力争第一”的精神，是一个人不断进取的标志，它不允许人懈怠，它召唤每个人向更高层次的方向去努力、去进取。它告诉人们，如果你认为自己只具有鞋匠的天赋，你就应该争取做世界上首屈一指的制鞋大王。

不是第一就要努力成为第一，而即使你是第一，也永远可以做得更好。山外有山，天外有天。在21世纪，竞争没有疆界，你应该开放思维，站在一个更高的起点，给自己设定一个更具挑战的标准，这样才会有准确的努力方向和广阔的前景。“力争第一”如同成功道路上的一盏明灯，让人们永远向着光明的前方奋进。

第02章

为自己做好职业规划：你的未来要自己亲手打造

成功总是青睐那些有目标的人

我们都知道，任何一个有理想、有追求、有上进心的人，一定会有一个明确的奋斗目标，他懂得自己活着是为了什么。因而他的所有努力，从整体上来说都能围绕一个比较长远的目标进行，他知道自己怎样做是正确的、有用的，否则就是做了无用功，或者浪费了时间和生命。显然，成功者总是那些有目标的人，鲜花和荣誉从来不会降临到那些没有目标的人的头上。

犹太人曾说：“一位百发百中的神箭手，如果他漫无目标地乱射，也不能射中一只野兔。”因所处的环境和民族的特性，很多犹太人从很小时就开始立志，以此确定自己人生的奋斗目标。正因为这样，许许多多的犹太人能集中人生有限的时间和力量去攻克自己心中的那一个目标，不至于分散力量，所以他们更容易取得成功。

曾经，在非洲的森林里，有四个探险队员来探险，他们拖着一只沉重的箱子，在森林里踉跄地前进着。眼看他们即将完成任务，就在这时，队长突然病倒了，只能永远地留在森林里。在队员们离开他之前，队长把箱子交给了他们，告诉他们说：出森林后，请把箱子交给一位朋友，你们会得到比黄金重要的东西。

三名队员答应了请求，扛着箱子上路了。前面的路很泥泞，很难走，他们有很多次想放弃，但为了得到比黄金更重要的东西，便拼命走着。终于有一天，他们走出了无边的绿色，把这只沉重的箱子拿给了队长的朋友，那位朋友却表示一无所知。结果他们打开箱子一看，里面全是木头，根本没有比黄金贵重的东西，那些木头也一文不值。

难道他们真的什么都没有得到吗？不，他们得到了一个比金子贵重的东西——生命。如果没有队长的话鼓励他们，他们就没有了目标，也就不会拼命走出森林了。从这里，我们可以看到目标在我们追求理想的过程中的指引作用！

因此，我们只有从现在起，树立一个精细、明确的目标并为之努力、奋斗，才会认识到体内所蕴藏的巨大能量，才能最终实现自己的理想。

在某一次作文课上，老师给出的题目是：我的梦想。一个小朋友飞快地写下了自己的梦想，他希望自己能拥有一座占地十余公顷的庄园，在庄园里有小木屋，烤肉区，还有休闲旅馆。然而，这个梦想到了老师手里，被划上了一个大大的红“×”，并被要求重写。小朋友感到很不解，老师说：“我要你们写下自己的梦想，而不是这些如梦呓般的空想，我要实际的梦想，而不是虚无的幻想，你知道吗？”小朋友据理力争：“可是，老师，这真的是我的梦想啊！”老师生气地说：“不，那不可能实现，那只是一堆空想，我要你重写。”小朋友不愿意妥协，他自信地说：“我很清楚，这才是我真正想要的，我不愿意改掉我梦想的内容。”老师摇摇头：“如果你不重写，我就不让你及格了，你要想清楚。”小朋友坚定地摇摇头，不愿意重写，那篇作文他只得到了一个大的“E”。

30年过去了，老师带着一群小学生来到了一座很大的庄园，享受着绿草，舒适的住宿，以及香味四溢的烤肉。就在这里，老师遇见了庄园的主人，惊讶地发现他就是那位作文被自己判为不及格的学生。如今，看到他实现了自己儿时的梦想，老师惭愧地说：“30年来，为了我自己，不知道用成绩改掉了多少学生的梦想，而你，是唯一坚定自己的梦想，相信自己，没有被我改掉的。”

在生活中，不管自己的梦想或是目标有多么虚无缥缈，多么的不切实际，我们都需要坚持到底，永远地相信自己一定能办到，一定可以实现这些目标。即便有人对我们的想法进行挑衅，我们也不要退缩，更不要随意更改自己的目标，有句话叫“走自己的路，让别人去说吧”，别人爱挑衅，对我们冷嘲热讽，那是他们自己的事情，而我们只需要保持自信，就可以赢得最后的成功。

人只有树立了目标，内心的力量和头脑的智慧才会找到方向。目标是对于所期望成就的事业的真正决心。一个人如果没有目标，就只能在人生的旅途上徘徊，永远到不了任何地方。正如空气对于生命一样，目标对于成功也有绝对的必要。如果没有空气，人就不能生存；如果没有目标，没有任何人能成功。

当然，只是有目标并不能带来成功，要真正实现蜕变，还要我们忍耐枯燥、寂寞，需要我们付出不懈的努力。

所以，我们要记住的是，一定要追随自己的内心，要敢于追逐自己的梦想，要永葆激情、不断摸索，不怕失败，如此，我们会找到自己的一条路，最终也会做出成就。

生活中的人们，为梦想努力吧。假如你是一名学生，为分数而努力学习，你就会得到分数；但如果为充实自己、为求知读书，除了在得到分数外，你会获得知识和成长。假如你是一个商人，为了挣钱而做生意，你的努力会帮你实现财富梦；为了事业而做生意，除了财富外，你获得的还有为之打拼的快乐。假如你是一名职员，为每月定时发放的薪水而工作，你可能得到一定的薪水；如果你为提高公司业绩而工作，你不仅会得到较多的薪水，也会得到满足和同事的敬重，你对公司的贡献将会多得多，你的报酬也会多得多。

梦想具有无穷的力量，梦想也会给我们带来快乐，只要你追随自己的天赋和内心，你就会发现，你的生命被赋予了更大的意义，你也不再是消磨光阴，而是在让时间闪闪发光，奋斗也成了快乐的事。

与积极和热爱工作的人为伍

有人说，人就像一个磁场，无论什么样的人都会像磁场一样影响别人，就像积极阳光的人会让你豁然开朗，开心豁达的人让你心情舒畅，积极的人给予你积极的影响，消极的人给你消极的影响。有句谚语叫作：跟着好人学好人，跟着司娘跳假神。西方有句名言："与优秀者为伍。"日本教授手岛佑郎，研究犹太人的财商，得出的结论是："穷，也要站在富人堆里。"人的情绪和心态都是能相互影响的，因此，如果你想成为一个热爱工作、积极向上的人，你就必须和积极的人为伍。

心理学家研究认为："人是唯一能接受暗示的动物。"积极的暗示，会对人的情绪和生理状态产生良好的影响——激发人的内在潜能，发挥人的超常水平，使人进取，催人奋进。因此，如果你想提升自己的价值，有一番作为，就远离消极的人，而与积极上进的人为伍吧！否则，消极者会在不知不觉中偷走你的梦想，使你渐渐颓废，变得平庸。生活中最不幸的是：由于你身边缺乏积极进取的人，缺少具有远见卓识的人，你的人生变得平平庸庸，黯然失色。

微软最初是从两个好朋友创业开始的，发展到现在，已经成为拥有8万多员工的大企业了。在公司中，盖茨的领导力发挥了重要的作用。他独特的人格魅力，他所创造的积极勤奋的工作氛围，吸引了全球软件行业的顶尖人物纷至沓来。他们个性迥异，如果没有他们对盖茨的感恩、对工作的勤奋，那么微软在数十年的创业发展历程中时刻都有可能分崩离析。

微软公司内部早已营造出一种“工作第一，以公司为家”的气氛，当年盖茨本人对工作的狂热和勤奋也带动了员工的工作激情。大家都是没日没夜地干，甚至可以一连几天都不休息。人们也经常看到盖茨加班工作，与员工一起讨论公司的经营计划，并经常鼓励员工要突破障碍，努力进取。对表现出色的员工，盖茨也会给予高额的物质奖励，以及精神上的鼓励。这也让员工自身的价值得以体现，令员工对微软和盖茨都充满了感恩之情。而这种感恩，又会带动员工的积极性和工作热情。面对困难时，一个员工可能难以解决，但是多个员工同心协力，困难就会很容易被瓦解。

如今的盖茨已经辞职了，但他为微软创造的价值，以及为微软员工带来的影响，是深远而意义非凡的。正是他站在员工们的前面，为员工做榜样，才让更多的微软人找到了归属感，让员工真正体会到微软不只给员工发薪，还关注员工未来的发展以及他们的家庭，这一切使员工心怀感恩，更乐于勤奋工作。

的确，勤奋不仅是一种对待生活、对待工作、学习的态度，也是一种感恩的具体表现。一个人只有心怀感激，才能投入全部的激情面对生活、努力工作，这样，无论遇到什么困难和压力，他都能不断寻找解决的方法，而不是牢骚满腹；这样，他才能不断提高自己，赢得成功！

生活中，我们不可能与所有人都相交，因此，我们应该有目的地结识他人。比如，那些同专业里的专家、权威人士，与他们结识，把他们当老师，我们不仅能学到最精尖的专业知识，还能学到他们对专业和技能的钻研精神，甚至能在行为得失上得到指点，这些都有益于我们一步步成长、成功！

总之，如果你也想做一个成功者，就要时刻向成功者靠近，与成功者为伍，哪怕并不是同一领域的人，他们也可以与你交流他们的经验和教训。你可以在强者身上学习如何变得更强。虽然这样也许会让你自惭形秽，但是你得到更多的，则是来自成功者的宝贵经验，来自榜样的无穷激励。近朱者赤，只有时刻学习一流人物的品质精神，才能让你也逐渐成为一流人物！

眼光长远，多关注职业发展前景

通常情况下，人们之所以勤勤恳恳地工作，大概出于三个方面的原因：首先，自己要活着就必须满足衣食住行的需要，就离不开金钱的支撑。其次，工作是实现我们人生价值的途径之一，在工作的过程中，我们获得认同感，也得到更多的学习和提升自己的机会。最后，每个人都想得到长足的发展，只有工作，才能给我们提供更多的舞台。归根结底一句话，在工作之中，金钱只排在第二位，更多的是我们为了实现自身的价值，寻求更大的发展。金钱只是生活的必需品，也是通过工作谋生的必需回报而已。当然，金钱不是万能的，但没有钱是万万不能的。后两项的发展必须建立在我们能够好好生存的基础之上，所以找工作时我们依然要顾及薪资。需要注意的是，关注薪资应该有度，在薪资能够满足我们需要的基础上，我们更应该关注职业发展前景等更加长远的内容。

很多人在选择一项工作时，过多地关注薪资，而忽视了公司的长远发展和广阔平台，最终导致虽然短期内拿到了高薪，最终却发展乏力，缺乏后劲。如此综合考量之后，聪明人一定知道，在薪资相差不多且都能满足生活需要的情况下，优选是那些有广阔发展前景和能够提供大舞台的大企业。这样，几年之后，你的收获会远远超过那些看似减少了的薪资。

大学毕业后，王强和李琦一起去找工作。他们俩是好哥们儿，从来都形影不离，还是上下铺的好兄弟。原本，他们说好去同一家公司工作，继续同吃同住同上下班，而他们也的确找到了一家大型企业愿意同时聘用他们，但是李琦突然改变主意。原来，李琦通过老乡的介绍，得到另外一家小公司的邀请函，并且这家小公司承诺给他的月薪比这家大型企业高一千多。思来想去，李琦觉得一千多对他来说还是很重要的，可以改善居住条件，也可以吃得好一些，因此，尽管王强再三劝他要看得长远，他还是义无反顾地去了那家小公司。

因为工作忙碌，在几年的时间里，王强和李琦只是偶尔匆匆见面，大多数时候都是用微信表达问候。直到大学毕业五年的聚会上，他们才真正有时间坐下来聊一聊。李琦向王强炫耀："哥们儿，你现在拿多少钱了？我的工作已经比刚去时候的四千五翻了一番了。"王强很淡定地说："我的工资也和你差不多，只不过大型企业福利好，每个月有三千多的住房补贴。"李琦大吃一惊，说："涨得这么快？我记得你当时的工资比我还少一千呢！"王强笑着说："嗐，大企业晋升机会多。去了两年多，我就被提升为部门主管了，所以工资也水涨船高。再加上经常出差什么的，补助也很高。"听到王强的话，李琦默不作声，因为他虽然是公司里的技术人员，但是现在也还是个下属小职员。在小公司，只有老板是直属领导，哪来的那么多官位呢！想到这里，他羡慕地对王强说："你可真是有眼光。要是当初我和你一起去，现在也许相差无几呢！"王强谦虚地笑笑，说："在哪里都一样，只要脚踏实地地干。你未来也不会差的，公司小，只要发展壮大快，你很快就会成为元老的。"李琦笑了笑，不想再说话了。

毕业五年后的王强和李琦，对于金钱的理解显然有了改变。如今的李琦，羡慕的是王强不但工资比他高，而且还是个部门主管，未来，年纪轻轻的他必然有更大的晋升空间。因而，他无限懊悔自己当初鼠目寸光的行为。但是，时光不能倒流，李琦只能期望公司加快速度发展，设置更多的职位给他们晋升。否则，他只能选择跳槽，才能为自己寻找到更大的平台。

毫无疑问，在大公司工作是非常锻炼人的。因为大公司格局开阔，总会有很多大的项目，也会有盛大的场面。因而，年轻人在找工作时，千万不要一味地纠结于薪资。只要薪资水平相差无几，都能满足你的基本生活，当然还是先苦后甜更好。借着年轻的时候在大企业里为自己打下江山，所谓磨刀不误砍柴工，未来的职业发展一定更好。

很多企业在经营的过程中都会出现资金问题，但是随着经营状况的改善，薪资也会水涨船高。因而，我们在选择一份工作时，不能一味地盯着薪资水平。而且，在我们从事某项工作的过程中，如果因为企业短期困难导致薪资浮动，也不要仓促急躁地选择离职。在爱情里，一起患难与共的伴侣总是感情深厚，同样的道理，当我们有机会与企业共患难时，也应该把握机会，一起等待柳暗花明。这样，我们与企业的缘分就会加深，也会在企业的鼎盛时期得到丰厚的回报。

提前做好规划，自如应对突发状况

人生无法准确计划，因为充满着未知。但是，在人生中的很多事情上，我们都可以提前做好规划，只有先明确方向，一切才可能朝着你预想的样子发展。这就像是一艘船在大海上航行，朝着灯塔的方向前进，也许能够到达岸边，也许会有些许偏差；但是倘若不管灯塔的方向在哪里，只是任性地胡作非为，随便朝着哪个方向驶去，则到达岸边的可能性就变得微乎其微。这就是方向和目标的指引作用。

也许有人会说，计划赶不上变化，又何必白费力气呢！其实不然。规划，就是我们在人生之中努力的方向，正如灯塔之于海上的船只，能够引领它们不断朝着正确的方向进发，不断修正航行过程中的偏差。而且，人生如果没有规划，未免会显得过于懈怠。如果你曾经读过那些名人传记，你会发现几乎每一个成功的人生都一定是目标明确的，我们很少听到有人能够误打误撞地获得成功。从另一个方面来说，若我们对于即将发生的事情提前规划，做好预案，也能够避免当最坏的结果出现时手足无措。人生中的很多时候，我们即便努力了，也未必能够获得成功。因而，我们必须作好万全的准备，最起码心里要对最坏的结果有所准备，这样才不至于仓皇失措，不知道如何应对。

当你看到他人不管面对什么事情都镇定自若的时候，你应该相信他人在此之前一定设想过这样的结果，甚至为此提前想到了解决的办法。如果你也想这么从容地面对人生，那么你也要提前规划，做好预案，这样才能淡定自若，从容不迫。

在某年八月份的汛期中，我国很多地方都出现了洪涝灾害。尤其是其中的某个北方城市，因为没有提前做好预案，人员死伤惨重，人民的生命财产和安全遭受了巨大的损失。对此，这个市的领导班子全体鞠躬道歉，尤其是对那些在突如其来的洪水中失去宝贵生命的孩子和老人以及他们的家属表示了深切的歉意。对于这次救灾的失误，该领导班子的负责人说主要是因为近年来从未有过这么大的降水量，所以降低了警惕心理，导致人民群众损失惨重。不得不说，这个悲剧的形成原因一部分是天灾，一部分是人祸。

相比之下，有些地方的领导则有着足够的警惕心理，而且提前做好了防汛救灾的预案。因而，当洪水突然来临时，他们丝毫没有惊慌失措，而是稳定有序地转移受灾群众，尽最大的力量保护人民群众的财产和生命安全，把大灾来临时的损失减到最小。这就是提前规划的作用体现。

当然，我们生命中的很多事情也许并不像水火无情这般严重。但是，很多情况下，生命的转折点就在不经意间。因而，我们也必须具备这样的忧患意识，如此才能避免在意外发生时手足无措。

看看大多数人的人生，有些事情是可以预见的，有些事情则完全是从天而降。我们既然无法控制那些不可控的因素，那么就应该尽量把握这些可控制的因素。唯有如此，我们才能尽量减少损失。

人生总是充满意外，有准备的人能够最大限度地保护自己，不被突如其来的灾难打倒。记得曾经有位名人说要向死而生，拥有如此豁达的心胸，想必没有什么能将其打倒。虽然我们都是普通人，但是也应该尽量未雨绸缪，不但要想到乐观的结局，也要设想不尽如人意的方方面面，这样才能让自己最大限度地拥抱和接纳人生。

先规划好自己的职业之路再跳槽

人活于世，任何人，都有人生的目标。同样，身处职场，你也应该有自己的职业目标，职业目标是引领职业成功的关键。虽然，你未来的职业生涯可能并不完全按照你的职业规划去发展，但你仍然要拥有一份职业规划。因为通过职业规划你可以清楚地知道自己目前所在的位置，目前的职业与你的规划有什么样的偏差，它是否对你的职业生涯有帮助，你是否需要作出调整。因此，聪明的职场人士即使要“跳槽”，也会根据自己的职业规划，目标明确了再跳槽。

小张已经是两年来第五次跳槽了。在这两年的时间里，她先后从事了性质不同的四份工作：民办学校的教师、教育机构的咨询员、办公器材的销售员、保险的推销员。这四份工作只有做教师与她的专业对口，其他都是在招聘单位急需用人、她也急需工作的时候找的，那时单位不考虑她的专业，她也不考虑工作的性质，她只看薪水和招聘单位的承诺，只要薪水满意或者未来的薪水可以达到她的满意，她就做。

就这样，她走马灯似的换了四家单位，换了四种工作。

这一次，小张拿着她的中文简历找到一个猎头，希望猎头能为她翻译成英文的简历。她说她看好了一家各方面都不错的外资企业，薪水尤其诱人，所以想制作一份英文简历试试运气。

这位猎头一看这份简历，发现小张还是在用她大学毕业时用的简历，只是在工作经历一栏多了几行字，也只有从工作经历里才能看出这不是一个应届毕业生。猎头摇了摇头。

看到猎头的反应，小张其实也明白自己的工作经历没有什么说服力——她在叙述工作经历的时候一笔带过，而且把自己的四次“跳槽”进行了排列组合，将四次改成了两次。

单从小张工作的种类上来看，她的从业经验无疑是丰富的，经历也是复杂的。但是这种经历在质量上很难让人信服，实在是缺乏说服力。为什么会这样呢？因为她没有明确自己的职业目标，不知道自己要做什么，能做什么，最终失去了职业方向。

小张的“跳槽”经历说明，“跳槽”不能打无准备之仗——不明确目标、无准备只能将自己置于不利境地。为了使跳槽变被动为主动，你必须在作好了准备之后再决定。为使自己的“跳槽”更加有效率，成功率更高，你必须对自己未来的职业生涯做出规划，明确制定未来三年、五年甚至十年二十年的职业目标，给自己的职业生涯一个定位。

所谓的缺乏职业规划，就是指职场人士在步入职场之前或者在职场中时，缺乏对自己能力和发展的明确认识，更没有认清自己所处的职场环境。很多职场人士往往处于这种“不知己不知彼”的状态中，走一步算一步，不知道自己未来的走向如何，更不知道自己可以朝着哪个方向走。不少人连初始的职业选择都存在困难，他们不知道自己能干什么，适合干什么，喜欢干什么。其结果，必然是做了一份自己不愿意做的工作，或者是做了一份不适合自己做的工作。可以想见，他们前途肯定堪忧。

那么，怎么才算有一个职业规划呢？

每个人都可以给自己的职业生涯进行一个规划，规划分成长期目标和短期目标。长期目标是指自己到达某一个年龄阶段时想到达的目标，而短期目标则是近期自己可以做到的程度。两种目标应该是协调一致的，具有可发展性。

同时，在制定目标之前，你首先要做的就是了解自己。一方面是了解自己的能力和特长；另一方面是了解自己的性格特点及兴趣爱好，看两者能否达到一个完美的结合。如果不能，那么应该偏向于哪个角度发展则需要自己去理性选择了。

为此，你需要做到以下几点。

1. 清楚地知道自己能做什么

知道自己能做什么是基础。喜欢做的事情未必就有机会去做，或者说，适合自己做的事情也未必有机会去做。比如，通过职业倾向性测试可以了解自己适合做什么行业，但是现实未必能给自己这个机会。所以，自己的能力和特长才是进入职场的基础，也是和其他人竞争的实力所在。

2. 了解自己的兴趣

至于自己喜欢做的事情，可以作为长远规划来处理。

现代管理学之父彼得·得鲁克有一句话："我们大大高估了自己一年以后能够做到的事，却大大低估了五年以后自己可能做到的事。"因此，究竟跳不跳槽，你不妨先问问自己：五年之后、十年之后、二十年之后我的职业目标是什么？要达成这些目标，我还需要补充什么？意向中的那个职位究竟在哪些方面能帮助我提升？了解这些，才能有效避免盲目"跳槽"给你带来的弊端。

第03章

工作必须尽职尽责：优秀的人总在完成分外的工作

让工作成为你的乐趣

如果你视工作为一种乐趣，人生就是天堂；如果你视工作为一种义务，人生就是地狱。工作是否能为我们带来快乐，取决于我们对工作的看法。身处职场，可能很多年轻人都会觉得自己的工作是烦琐的、枯燥的，而其实，这是因为你内心对工作的态度没有调整过来。对于工作，我们可以做好，也可以做坏，可以高高兴兴、骄傲地做，也可以愁眉苦脸、厌恶地做，如何去做，这完全取决于我们自己。所以既然你必须工作，何不让自己充满活力与热情呢？无论你现在从事什么样的工作，你都应该学会热爱它，即使这份工作你不太喜欢，你也要尽一切能力去转变，并凭借这种热爱去发掘内心蕴藏着的活力、热情和巨大的创造力。事实上，你对自己的工作越热爱、决心越大，你的工作效率就越高。

当你抱有这样的热情时，上班就不再是一件苦差事，工作就变成了一种乐趣，就会有许多人愿意聘请你来做你更热爱的事。如果你对工作充满了热爱，你就会从中获得巨大的快乐。

设想你每天工作的八小时就等于在快乐地游泳，这是一件多么惬意的事情！

洛克菲勒曾在写给约翰的38封信中讲述了这样一个寓言故事：

很久以前，在西方，有一个人在死后来到一个美妙的地方，这里能享受到一切他曾经没有享受过的东西，包括妙龄美女和美味佳肴，还有数不尽的佣人伺候他，他觉得这里就是天堂，可是在过了几天这样的生活后，他厌倦了，于是对旁边的侍者说："我对这一切感到很厌烦，我需要做一些事情。你可以给我找一份工作做吗？

他没想到，他所得到的回答却是摇头："很抱歉，我的先生，这是我们这里唯一不能为您做的。这里没有工作可以给您。"

这个人非常沮丧，愤怒地挥动着手说："这真是太糟糕了！那我干脆就留在地狱好了！"

"您以为，您在什么地方呢？"那位侍者温和地说。

洛克菲勒讲的这则寓言故事，是要告诉我们：失去工作就等于失去快乐。令人遗憾的是，有些人只有在失业之后才能体会到这一点，这真不幸！

事实上，工作不仅为我们提供了生存的机会，还让我们找到了自身在社会中的价值。但事实上，生活中，并不是所有人都能认识到这一点，很多人或因为报酬不理想而放弃现在的工作，或为了前方一个薪资更好的工作而放弃快乐，或在现有工作岗位上“做一天和尚撞一天钟”“得过且过”，因为他们工作的目的就是每月按时发放的薪水。

接下来有四个实际的步骤可以供你省察一番，让你清楚是否知道自己在做什么。试用一点点时间来思考一下，也许你会为你所发现的真相感到惊讶：

1. 保持良好的精神状态迎接每一天的工作

你要始终确立和保持不甘落后、积极向上、奋发有为的精神状态，清醒地认识自己肩负的责任，切实增强时不我待、只争朝夕的紧迫感，食不甘味、寝不安席的责任感，树立强烈的事业心和进取意识。如果把所从事的工作只当成一个混饭的营生，那么，你就很难有工作积极性，也就很难做好工作。

2. 不要只把注意力放在金钱上

钱是赚不够的，因此，我们不要把眼光只放在薪金的多少上，而应该多关注自己创造的价值。工作带给你的成就感和满足感应该超越金钱上的报酬。

3. 找出你在工作上的重要价值

请记住一点：当初你为何会接下这份工作？如果这只是一份临时的工作，你是否认真考虑过将来你真正想做的是什么事？然后再问你自己：由于自己的投入，这份工作是否不一样？切记，正确的价值观在个人成就感及福祉中扮演着重要角色。

检讨自己为何做现有的工作并不代表你不满意它，只是做一些自省。这样的省察会使人的自我意识产生良性的工作成就感、加深自我实现的意志以及使人知道自己真正在做什么。

4. 敢于问自己：我做这份工作值得吗

如果你在工作中根本发现不了自己喜爱的部分，或者你正想尝试着换另外一份工作，那么，你需要考虑一下以下问题：你是不是找错了在工作中努力的方向，而并非这份工作本身的原因？你是否喜欢工作中的自己？若答案为否，你能够作一些改变？如果问题是出在工作本身，你是否要换到另一部门工作？是否有其他的责任使你无法完成该做的工作？所以也许你只需要重新调整好目标，审慎地选择你该花费的时间。

快乐的秘密，不在于做你所爱的事，而在于爱你所做的事。当你能做到为自己工作、为明天积累时，那么，你将拥有更大的挥洒的空间，更多的实践和锻炼的机会，找到工作中的乐趣，能够让你在工作岗位上更主动更积极地处理各项事务，为自己不断开创新的工作机会和发展空间！

责任心是取得成功的基础

现代社会，任何一家企业聘用人才的标准中，最为重要的一条就是负责，这是敬业精神的基础。而在犹太人看来，做事情无法做到全心全意、尽职尽责的人，是不会培养自己的良好个性，也做不到意志坚定、达不到自己的目标的，这类人贪图享乐、追名逐利，做不到脚踏实地、有所成就。

犹太人认为，责任心是取得成功的基础，没有责任心，再怎么努力也枉然。当然，要培养责任心，需要我们做到对公司负责，对自己负责，将手头的工作当成事业来努力，长此以往，你一定会成为一个有责任心的员工。

美国钢铁大王安德鲁·卡内基在未发迹前的年轻时代，曾担任过铁路公司的电报员。

有一天，正值放假，但卡内基需要值班。就在这个平凡的值班日，发生了一件意想不到的事。

当时，躺在椅子上休息的卡内基突然听到电报机嘀嘀嗒嗒传来一通紧急电报，吓得从椅子上跳起来。电报的内容是：附近铁路上，有一列货车车头出轨，要求上司照会各班列车改换轨道，以免发生追撞的惨剧。

这可怎么办？现在是节假日，能下达命令的上司不在，但如果不现在决策的话，就会产生一些不可预料的恶果。时间慢慢过去了，事故可能就在下一秒发生。

卡内基不得已，只好敲下发报键，冒充上司的名义下达命令给班车的司机，调度他们立即改换轨道，最终避免了一场可能造成多人伤亡的意外事件。

当做完这一切后，卡内基心里也开始紧张起来，因为按当时铁路公司的规定，电报员擅自冒用上级名义发报，唯一的处分是立即革职；但又一想，这一决定是对的。于是，在隔日上班时，他将写好的辞呈放在上司的桌上。

但令卡内基奇怪的是，第二天，当他站在上司办公室的时候，上司当着卡内基的面，将辞呈撕毁，并拍拍卡内基的肩头，说："你做得很好，我要你留下来继续工作。记住，这世上有两种人永远在原地踏步：一种是不肯听命行事的人；另一种则是只听命行事的人。幸好你不是这两种人的其中一种。"

卡内基之所以成功，是因为他有成功者的品质——责任心，这一点，在他未发迹时就已经显现出来了。

我们发现，在一个企业或者组织中，有责任心的员工会千方百计地完成任务，实现自己的发展；而一个没有责任心的员工则会得过且过，过一天算一天，最终将自己的命运断送在自己手中。正如足球行业中的一句话，"态度决定一切"，用在职场人士身上则是：责任决定态度，态度决定一切。

的确，现代社会，无论是职场还是商场，其竞争的激烈度恰如战场，假如你也渴望成功，那么，你就应该牢牢地记住，做事尽职尽责，是事业成败的关键，而如果工作中出现问题，与其找借口推脱，不如想办法解决。

十多年前，他在一家建筑材料公司当业务员。当时公司最大的问题是如何讨账。产品不错，销路也不错，但产品销出去后，总是无法及时收到货款。

有一位客户，买了公司10万元产品，但总是以各种理由迟迟不肯付款，公司派了三批人去讨账，都没能拿到货款。当时他刚到公司上班不久，就和另外一位姓张的员工一起，被派去讨账。他们软磨硬泡，想尽了办法。最后，客户终于同意给钱，叫他们过两天来拿。两天后他们赶去，对方给了一张10万元的现金支票。

他们高高兴兴地拿着支票到银行取钱，结果却被告知，账上只有99920元。很明显，对方又耍了个花招，他们给的是一张无法兑现的支票。第二天就要放春节假了，如果不及时拿到钱，不知又要拖延多久。

遇到这种情况，一般人可能一筹莫展了。但是他突然灵机一动，拿出100元钱，让同去的小张存到客户公司的账户里去。这一来，账户里就有了10万元。他立即将支票兑了现。

当他带着这10万元回到公司时，董事长对他大加赞赏。之后，他在公司不断发展，5年之后当上了公司的副总经理，后来又当上了总经理。

后来，在一次年会上，董事长讲起了这件事。这个精彩的讨账故事，博得了大家阵阵热烈的掌声。大家都很钦佩他凡事主动想办法的精神，而且一致认为：他能有今天的发展，与他这种精神密切相关。

的确，很多时候，如果你把精力都放在问题本身上，就很难发现解决问题的办法。实际上，在困难面前，如果我们不找借口，而是努力挖掘解决问题的方法，你会发现，人的潜能的确是无限的。

生活中的人们，要做个成功的人，就必须要有成功的心态：不为自己找任何借口退缩，而是勇敢向前。为此，你要做到：

1. 摆正态度，把责任心放在第一位

的确，没有人愿意失败或者出错，这也是很多人的借口。但一个对待事情不小心不认真的人又怎么能够把事情完成得圆满出色呢？也就是说，不管你做什么事，摆正态度，才能减少失败出现的可能。

2. 不要试图让别人为你承担失职的责任

有些不负责任的人在事情出现问题时，首先考虑的不是自身的原因，而是把问题归罪于外界或者他人。这样的做法，不仅会让你养成推脱责任、逃避问题的习惯，还会影响你的人际关系。

3. 寻找弥补的措施

其实，与其绞尽脑汁寻找那些为自己开脱的借口，倒不如想想怎么才能把出现的损失降到最低。这里，我们可以做到的是，尽量制作出一份新的弥补方案，并完善好细节，因为大多数情况下，问题都出在细节上。

我们无论从事何种职业，都应该尽心尽责，尽自己的最大努力，求得不断的进步。这不仅是工作的原则，也是人生的原则。

收获多的人总是比别人多做一点

工作中，你是否曾遇到过这样的情况：上班时间，突然来了一个老板的快递但老板不在，签还是不签？同事有紧急事情，让你帮他请个假，你帮还是不帮？看到会议室的材料掉在地上，你是捡还是不捡？诸如此类的分外事随时都有可能发生，你是做还是不做？

可能很多“精明”的人会说：当然不做，既然是分外事，何必多此一举？但事实上，这并不是真正聪明的人的选择，你可能也发现了，那些真正得到老板赏识的，都是对工作始终充满春天般的热情的人，他们通常都会顺手给同事帮个忙，或者替老板解决一些工作之外的问题。还有一种现象：那些成功人士，很多都是因为机缘巧合而得贵人相助。其实，无论是在职场还是整个人际关系中，只有学会揽一些“分外”事，你才有可能遇到“分外”的收获，因为通常来说，真正能打动他人的，往往是那些无心之举。

犹太人认为，人们在实际工作中应该多做一些分外的工作，说不定这些额外的付出就是你走向成功的开始。我们都知道，犹太人素来以过人的智商闻名，其实，犹太商人也都是高情商人士，他们往往都能在小细节上赢得人心，而这能让他们左右逢源，从而帮助他们在商场中顺风顺水。

因此，高情商的犹太人告诉我们，多做一点，你也许会收获更多。我们先来看下面一个财富故事：

曾经有一个年轻人，他在一家小旅馆当服务员，一直勤勤恳恳地工作。

这天晚上，一对老夫妇来开房间，但旅馆房间已经没有了，这下，老夫妇犯难了，因为他们真的没有地方去了。怎么办呢？

年轻人很爽快地说，让老夫妇睡自己的房间，正好自己要值班，然后，他将自己房间的床单和被褥都换了，他自己则趴在柜台上睡了一夜。

第二天，老夫妇看到这种情景很感动，认为这个青年人很善良。青年人完全没有想到这对老夫妇就是希尔顿饭店的老板，而且没有子女，后来，他做了希尔顿家族的接班人。

这名年轻人能从一名旅店服务员一跃跻身于上流社会，继而成为希尔顿酒店的接班人与这位老夫妇的带领和引荐不无关系。当然，这是机缘巧合。但这则故事告诉我们一个道理：人际交往中，我们若想得到“分外”的回报，就不要总是置身事外，而要多做一些“分外”事。

当然，我们所做的额外的事，并不一定会给我们带来额外的回报，但我们大可不必因噎废食，我们不妨把它当作一次善举，也可以当作对自己的磨炼，毕竟这远比在电梯里与老板、上司寒暄而平步青云的概率大些。

因此，职场中的人们，请在日常生活中广结善缘吧，通过帮助他人来为自己赢得人心。乐于助人，多主动帮助别人，会不断增加感情账户上的储蓄。在工作上，在生意中，在交际时，对别人多一份相知，多一份关心，多一份相助，当你求人办事时，谁还会拒你于千里之外呢？

当然，你还需要注意的一点是，与同事、领导打交道，帮助他们，也一定要掂量掂量自己的能力，答应别人无法兑现的事，不但无法赢得人心，还会让他人对你心生厌恶。

某厂职工小方，经常向同事炫耀自己在市房管所有熟人，能办房产证，而且花钱少、办事快。开始人们还信以为真，有些急于办理房产证的同事便交钱相托，但时过多日，不见回音，问到小方，他说：“近来人家事儿太多，再等等。”拖得时间长了，同事们对他的办事能力产生怀疑，便向他要钱。没想到，他找理由说："谋事在人，成事在天。懂不懂？你的事儿虽然没办成，可我该跑的跑了，该请的请了，你不能让我为你掏腰包吧？"言下之意，钱没了。

从此以后，小方的话再也没人信了，以至于人们在闲暇聊天时，只要小方往人群里一站，大伙好像有一种默契似的，始而缄默不语，继而纷纷散去。

可见，想让我们的"分外"之举被他人感激，还要看我们到底是不是真的帮助对方解决问题了。我们一般崇尚"一言九鼎""落地砸坑""张嘴就能见到肠子"的直爽性格，而不喜欢转弯抹角的弯弯绕，更讨厌貌似有口无心、直言快语，实则机关算尽、言而无信的滑头。我们对别人的每一个帮助都是对自身品质的检阅，每一项承诺都由我们的人格作担保。因此，一定要谨慎承诺、尽力而为。

古人云，轻诺必寡信。这不仅是一个主观上愿不愿意守信的问题，也涉及客观上有无能力兑现。一个人经常答应自己无力完成的事，当然会使别人一次又一次失望。为人办事、帮忙，一定要有把握，当你获得了一个守信用的形象时，会获得越来越多人的信任，因而得到越来越多的机会，这就好似拥有了一座金矿。反之，缺此一条，别的方面再优秀，也难成大器。要获得守信的形象并不容易，最要紧的一条是：别答应你无法兑现的事。

说实在话，做实在人；可能一时一事吃亏，但也许一生一世受益。人际交往中，我们应该有点利益心与长远的眼光，身处职场，有人需要我们帮忙时，即使是我们“分外”的事，我们也不要袖手旁观，但同时，我们也应清楚自己的能力，对于做不到的事，我们千万不要轻易许诺。

多和领导沟通，可以少走弯路

不难发现，在我们的周围，有这样一些人，他们认为必须独立完成工作，所以宁肯自己啃硬骨头，也羞于向上级请教。一件很小的任务，他们常常花费别人几倍的时间，而最终成果未必完美。也有一些人，他们为人谦虚，在接到工作任务时，只要有不懂的问题，就会以请教的姿态与领导沟通，在工作的过程中，他们不仅获得了领导的赏识，更重要的是，他们少走了很多弯路，工作起来比他人更有效率。

那么，你是哪种人呢？很明显，后者的工作效率更高，是更善于管理时间的人。不知你是否有这样的感触：当你拿着琢磨了很久的一个问题去请教领导时，他居然将问题的解决方法脱口而出。的确，领导就是领导，无论在工作经验还是阅历上，他们都比我们略胜一筹。所以，聪明的人总是善于借助领导的力量，不让自己在工作中做无用功。另外，与领导多沟通，也是防止工作目标偏离的一个重要方面，只顾埋头工作，到头来你的工作成果未必是领导想要的。

另外，从领导自己的角度看，任何一位领导者，都青睐那些做事效率高的下属，反感那些做事效率低和容易出错的员工。

可见，如果你想成为一个做事高效率的人，想更快获得工作成果，你不妨放低姿态，多与领导交流。

事实上，无论做什么事，我们都有更为便捷的方法，与那些比我们经验丰富、文化层次高的人为伍，我们必定能获得益处。

老周在一家国企工作了二十几年了，是资历深的老员工，他对专业技能的掌握程度可谓无人能及。不过，正是因为是老员工，他的年龄也不小了，对待新事物的理解和接受难免有点力不从心。特别是电脑、互联网的介入，让老周越来越感觉到自己需要学习的地方太多了。这方面，他最敬佩的就是他的顶头上司刘主任，刘主任虽然和自己年龄相仿，却是个新潮人。有些时候，对于电脑里出现的单词，老周都要向刘主任问一问是什么意思、怎么发音，自己再鼓弄半天，他还向刘主任请教了如何运用软件，将自己的工作档案都存入电脑，管理起来也方便了，现在的老周做起事来确实比以前快了很多。

对此，刘主任经常对老周说："老周，这些你不必太在意，有事我们会帮你解决的。"

老周却总是这样说："不行啊，该我会的东西一定要弄明白，我虽然老了，但我还不想被淘汰。"

刘主任对老周的这种态度很赞赏，还特意表扬了他的这种学习精神。

的确，不懂就问，这不仅是一种良好的工作态度，更是帮助我们提高工作效率的一把利器。

古人云："三人行必有我师。"我们任何一个人，都应该向领导学习，他可能存在某些不足，但他也一定具备你还没有的特质、工作经验，这就是他能成为领导的原因。作为下属的我们，要学会借用领导的智慧来做事。

当然，现代社会，我们在选择工作时，目的不尽相同，有的是为了得到一份获得物质的机会，有的是为了发挥自己的某些个人价值，也有的想以此作为跳板，以便未来有更好的发展，找到更好的工作或者开办自己的事业。但如果你目前还是下属，就必须认清一个形势：如果你不想浪费时间，你就要学会与人合作，借助他人之力提高做事效率，而你的上司工作出色，能力强，你可以充分地向上司学习，上司的今天可能就是你目标中的明天。虚心向领导请教，收获的也不仅是知识，更是领导的赏识。

那么，关于向领导请教，我们该注意什么呢？

1. 认识到上级的优秀

向上级学习，不是因为他是上级，而是因为他优秀。上级既然能成为上级，一定是有他的过人之处。在一个单位中，上级往往是最大的风险承担者，除了要应对外界的竞争，他们还要打理方方面面的关系。可以说，领导所面临的压力是普通员工无法想象的，从这个角度上说，领导都是最优秀的。单凭这一点，就值得每个人去学习和效仿。而学习，就需要你主动与上级沟通，身处繁忙事务中的上级不可能做到关注每个下属的工作情况；而同时，你主动沟通，也体现了你积极上进的工作和学习态度。一般情况下，上级是乐于向你传授经验和教训的。

2. 多倾听

在对方倾诉的时候，尽量不要打断对方说话，大脑思维紧紧跟着他的诉说走，要用脑而不是用耳听。

3. 不要漠视领导对你的期望

如果你还没有得到晋升，那要么就是上司想继续考查你，要么就是你做得还不够。对此，尽一切可能把自己的本职工作做好，不要找任何原因推脱、抱怨。

现在你不妨来反省一下，为什么你不是领导？为什么你的上级总是能在单位时间内处理更多的事情？因为他比你更优秀。因此，工作中多请教你的领导吧，能帮助你节省不少精力！

有能力也要肯干、会干、踏实干

现代社会，职场求职的时候并不仅仅考查学历。求职者在有了学历这块敲门砖之后，在通过初试参加复试时，负责人力资源的人更多地会考查他的能力。所谓能力，就是实干的本领。然而，在真正进入工作单位之后，你又会发现，能干也并不是最重要的。那么，最重要的是什么呢？首先，是踏实肯干，其次，是恰到好处的人际关系，最后，是资历。

如果你能力的确很强，进入公司之后，在某一次危机中表现出超前的专业能力和高超的领导能力，但是你平时干起活儿来总是三天打鱼两天晒网，那么对不起，公司需要的是能够持续贡献能力的人，而不是一个高兴了就表现一下、不高兴就消极怠工的人。公司的运转需要持续的动力，所以要求每一个职员都能持续不断地努力，从而带动整个公司良性发展。

如果你能力的确很强，也能够踏踏实实地一直保持强劲的动力，但同时你是个“刺儿头”，说得好听点儿，也可以叫恃才傲物，你藐视一切，甚至包括你的顶头上司，那么，没有人会愿意与你合作。即便你可以凭着自己超强的能力搞定很多问题，你也一定不会得到重用。因为现代社会的工作模式，是合作。一个人再怎么强大，力量也是有限的，只有和团队成员精诚合作，才能发挥更大的能量，为公司创造更大的效益。你需要记住的是，公司不会为了成全你的特立独行而得罪整个团队。

要想在公司里平步青云，除了有能力，有团队协作力之外，还要有资历。所谓资历，就是你来公司的时间长短，以及你为公司作出了哪些贡献。除非是找猎头专门挖来拯救公司的“能人”，否则公司一般不会把重要的职位交给一个新人之间。俗话说，路遥知马力，日久见人心。要知道，公司与新人之间也需要一个相互磨合和适应的过程。公司会花很长的时间考查员工的各个方面，从而决定是否重用员工。有的时候，这种考查还会在危难之际进行。所以，正如前文所说的，员工不应该频繁跳槽，因为每次跳槽都会把自己在一家公司的工作年限和贡献清零。

张强的能力很强，也非常勤奋肯干。然而，公司几次提拔中层管理者，都没有他。张强终于按捺不住，问了一个之前的同事、现在的顶头上司黎明，黎明告诉他：“张强，其实你各个方面都非常优秀，工作能力强，人也勤快干练，但是，你有一个致命的缺点，你知道是什么吗？”张强疑惑地摇了摇头。黎明接着说：“这个缺点就是……我说了你可别生气啊！”张强说：“你说吧，我不会生气的。你说了，是对我好。要不然，看着你们一个个高升飞走了，老人就剩我自己了，我也很郁闷呢！”黎明继续说：“你的缺点，就是你的人际关系。你看看，在部门投票评选的时候，你的得票永远是最差的。虽然你在工作上的表现无可挑剔，但是你这样的人际关系，是很难得到提拔的。”张强郁闷地说：“但是，公司不是凭着能力提拔吗？即使人际关系再好，能力不够也没用啊！而且，我的人际关系也不是不好，只是我不喜欢和别人打交道。我总觉得做好自己的事情就行了。”黎明轻轻摇了摇头，说：“你看你，你看你，你还是意识不到这个问题的严重性。你知道吗，作为一名管理者，处理人际关系的能力和工作的能力是同样重要的。你知道吗，当你到了管理岗位之后，你就会发现，一个合格的领导者，不但要自己的能力强，还要能把一群能力都不错的人团结在自己的身边，成为一个凝聚力和战斗力都很强的团队。”

听了黎明的话，张强茅塞顿开。在之后的工作中，他不再只顾着埋头苦干，而是也注意和同事之间搞好关系，积累了丰富的人脉。果然，一年多之后。在公司的又一次人事调整中，他如愿以偿地升任部门主任，而之前担任此工作的黎明也官升一级。现在的张强，不但凭借出色的工作能力在下属中树立了威信，也常常和下属沟通感情，加深关系，也正因如此，他所带领的团队越来越强大。

能力固然很重要，但更重要的是，要把有能力的人都吸引到自己的身边，让他们为自己所用，这样才是一名合格的管理者。意识到这一点后，张强才走上了平步青云之路。事实确实如此，职场关系有的时候非常微妙。在职场中，有些能力强的人处处炫耀自己，目中无人，殊不知已经在不知不觉中树敌无数。职场中，真正的牛人是，明明能力很强，却非常谦逊，从不吹嘘炫耀，而是依然做着自己该做的事情，不让任何同事觉得他难以相处；同时，他会用自己的能力吸引大家来到他的身边，与他共同进步。

找到可以点燃你激情的工作

现代社会，就业形势非常严峻，很多大学生在毕业之后找工作时，都面临很大的困惑。首先，他们在大学校园里学习了某个专业，毕业后却发现很少有机会从事自己本专业的工作，这导致他们的长处被掩藏起来，他们不得不硬着头皮从事自己并不擅长的工作。其次，每个人都有自己的兴趣和爱好，但是早在考取大学时，我们就面临一个尴尬的情况，即我们必须理性地选择专业，不能完全根据自己的兴趣来。这双重尴尬堆叠到一起，导致很多大学毕业生既不能从事自己擅长的工作，也无法从事自己感兴趣的工作，最终只能勉为其难地做自己不喜欢的工作，当一天和尚撞一天钟，根本没有热情和激情。可想而知，这些大学生的前途和命运将会如何。

工作将会伴随我们度过人生青壮年时期的大部分时间，因而找工作要像找爱人一样，非常慎重。现代社会人才济济，每年都有很多大学生毕业，涌入就业市场，在这种情况下，有些大学生因为一时之间找不到合适的工作，又因为迫于压力，只能先找到一份差不多的工作做着，挣钱养活自己，然后再骑驴找马，随时找机会调换工作。殊不知，这样的勉强，非但使我们无法做好手头上的工作，也会使我们渐渐失去对工作的热情，最终被现实消磨完斗志。

我们必须记住，不管是对于学习而言，还是对于工作而言，兴趣都是最好的老师。我们唯有全身心投入工作，对工作满怀激情和热情，才能全力以赴，把工作当成我们的事业去发展，去拼搏奋斗。要记住，生命不是用来奄奄一息的。唯有让生命变成烈焰干柴，我们才能在生命中找寻到成长的动力，才能坚持不懈地奔向人生终极目标。

此外，还有很多朋友特别喜欢偷懒，不愿意付出自己的全部精力。举例而言，有些朋友虽然有更好的机会去努力拼搏，但是他们偏偏选择了安逸，还美其名曰愿岁月静好。殊不知，岁月静好从经历过大风浪的人口中说出来，那是韵味和境界；从从未吃过任何苦也没有进行过拼搏的人口中说出来，那就是逃避和推卸对于人生的责任。谁不曾燃烧过青春，谁就没有资格说自己的人生是充实的，是无怨无悔的。

也许还有些朋友会狡辩，三百六十行，行行出状元。的确，这个社会是有三百六十行，但是未必行行都能出状元。假如我们对待工作缺乏激情和热情，总是混日子，那么我们如何能够点燃激情，把工作发展成实现自己人生价值的伟大事业呢！细心的朋友会发现，大凡在工作上有所成就的人，无一不是对待工作满怀激情、积极进取的。可以说，激情不但是点燃我们工作热情的火种，更是我们人生中不可获缺的动力。

对于工作来说，快乐就是最高境界。曾经有专家经过调查发现，在美国，在成功人士中，至少有90%以上的人，都在从事自己最喜欢的工作，而且都对工作满怀激情和热情。对此，爱因斯坦很久以前就作出了合情合理的解释。爱因斯坦说，假如一个小伙子独自坐在火炉旁昏昏欲睡，那么他会觉得时间很难熬，每一分钟都是煎熬；但是，假如这个小伙子正处于热恋时期，正和自己深爱的女孩一起坐在火炉旁，那么他就会恨时间飞逝，悄无声息就带走了幸福美好的时光。工作也是同样的道理。对于自己不喜欢的工作，人们感到备受煎熬；对于自己喜欢的工作，人们哪怕再苦再累，也不会觉得痛苦。激情和热情会促使人们更加努力地工作，争取做出伟大的成就。所以朋友们，慎重选择和对待自己的工作。既然我们渴望成功，我们就不能在心不甘情不愿中放弃人生，而要更加明智地对待人生，圆满人生。

第04章

站在领导的角度看问题：别只把自己当作打工的

多以上司的角度进行思考

很多职场人士，都把自己和上司放在对立面。其实，上司和下属之间并非针锋相对的对立关系，而是彼此成就和圆满的统一关系。当下属觉得上司是一头可怕的怪兽时，他一定时刻都对上司保持着警惕心理，甚至与上司越走越远，最终离心离德。相反，当下属心里时刻想着上司，发自内心地想要为上司着想时，那么不管做什么事情，他都会情不自禁地以上司为出发点进行考虑，这样下属自然能够得到上司的赏识和亲近。

很多人在生活中都有这样的感受，例如，两个相爱的人，如果他们真心相爱，那么一定会彼此照顾，不管做什么事情都优先考虑对方的感受；相反，如果两个人已经从熟悉走到陌生，则不管做什么事情，都拿对方无所谓，根本不会在乎对方怎么想。如果我们也把上司当成自己的恋人，或者是最亲密的人，在工作的过程中总是能从上司的立场出发，想上司之所想，急上司之所急，那么我们做的很多事情都会直击上司的心坎，他又怎么会不赏识我们呢？从这一点不难看出，我们与其不停地抱怨上司，埋怨上司不赏识我们、不认可我们，不如先从自己的身上寻找原因。任何力的作用都是双向的，生活就像是一面镜子，你对着它笑，它也回报你微笑；你对着它哭，它也一定会展示给你一个哭脸。同样的道理，当你时时处处都为上司着想时，上司自然也会为你着想，更会发自内心地亲近你。

孟雪刚刚进入公司时，担任文秘。不过，没过多久，她就成为人人羡慕的总经理助理。孟雪既不漂亮，也没有过人的学历，她是如何在这么短的时间内成为总经理助理的呢？对此，很多同事都非常纳闷。甚至，公司的一些中层领导都向总经理提意见，觉得以孟雪的资历不足以担任总经理助理。对此，总经理一一驳回，说："孟雪是我亲自挑选的助理，我满意就好，你们都别再操心了。"

原来，在担任文秘期间，有一次，孟雪代替请病假的总经理助理向总经理汇报工作。当天，文件很多，都需要孟雪处理。此外，孟雪还得照顾总经理的很多事情。为此，孟雪一直忙到中午，才刚刚处理完一部分文件。到了十一点半，她及时为总经理订餐，还细心地点了总经理最爱吃的回锅肉。后来，下午三点前，孟雪处理好所有文件，拿去向总经理汇报工作。让总经理非常惊讶的是，虽然孟雪只顶替助理一天的工作，但是她把文件整理得井井有条，还细心地给各个部门的文件都换了不同颜色的文件夹，并注明所属部门。这样一来，总经理在翻阅文件时非常方便，再也不用一本一本地找了，只要看看标签，就可以轻松地找到。对于孟雪这个细节处的表现，总经理非常满意。当然，孟雪的工作汇报也非常独特，她将事情按照轻重缓急提前分好，在汇报之前会告诉总经理哪件事情比较重要，而且下午五点之前就要解决，因此，总经理觉得自己的工作量一下子减轻了，因为孟雪做了很好的筛选工作。就这样，在助理因为养病请长假之后，总经理特意钦点孟雪做他的助理，辅助他完成工作。

孟雪显然是一个非常用心的下属。对于总经理的各项工作，她都将其当成自己的工作一样，尽量在准备环节就一步到位，从而减轻了总经理的工作负担。面对这样一个妥帖入心的下属，总经理怎能不“怦然心动”呢！因此，一旦助理职位空缺，总经理第一时间就想到了孟雪。虽然孟雪没有很高的学历，也不是很漂亮，但是她非常用心。正如人们常说的，凡事就怕用心。只要用心，就没有做不好的事情。

朋友们，如果你们现在还在抱怨自己没有得到领导的赏识，那你们就误入歧途了。与其等着领导来赏识你，不如主动示好，把领导的事情当成自己的事情办，站在领导的角度考虑问题，在领导没有想到之前就把所有的细节都做好。如此一来，你还怕自己得不到领导的赏识吗？赶快行动起来吧！

关注领导所关注的，为领导排忧解难

作为公司的管理者，要想面面俱到显然是很困难的，因而领导只能根据自己的关注重点，有选择地分配有限的精力。为此，下属在汇报工作的时候，如果能提前想到领导所想的，就可以未雨绸缪，告诉领导他想知道的信息，甚至预先解决领导的忧虑。如此一来，领导怎么会不赏识和认可我们呢？

作为下属，我们一定要与领导一条心，想领导之所想，急领导之所急，这样才能把话说到领导的心坎里去，成为领导的左膀右臂和心腹大将。很多职场人士都希望与领导套近乎，甚至不惜花钱给领导送礼，请领导吃饭，以便让领导对他特殊照顾。殊不知，现代职场更在乎工作的成绩和效率，与其花费时间和精力给领导拍马溜须，不如抓住领导的关注点，为领导排忧解难。如果你能在领导提出具体问题之前，就贴心地把领导不放心的问题解决好，那么领导一定会对你刮目相看。

对于校长而言，最担心的就是小升初的考试中，孩子们因为紧张而发挥失常，尤其是那几个调皮捣蛋的孩子，校长特别担心他们会在考场上做出违反规定的事情来。这样，学校和校长都会因他们丢脸。

在这次考前动员大会上，计划让校长进行致辞。当然，在这种鼓舞士气的时刻，一开始就提考场纪律问题是不合时宜的。因此，副校长在向校长汇报考前动员大会的流程时，对校长说："我计划让您在会议开始时致辞，给孩子们鼓鼓劲、加加油。不过呢，您刚开始时不适合说考场纪律问题，我都想好了，在会议结束之前，由我给师生们讲一讲注意事项。您放心，到时候我会重点强调考场纪律，也会在会后再与那几个调皮孩子的班主任进行沟通，让他们务必安排好孩子们，不要在考场上捅娄子。"听到副校长的安排，校长不由得喜笑颜开。他说："老张啊，你总是这样，什么都想在我前面。你就像是我的知音，不管我担心什么事情，你都能马上给我解决。要是没有你，我真是得手忙脚乱呢！"副校长笑了笑，说："我的工作不就是配合你么，要是什么都等着你说出来再去做，那也对不起咱们这十几年的工作班子啊！细细想来，咱们已经搭档十几年了，学校也有了翻天覆地的变化，真是让人不胜感慨啊！希望我们能把学校办得越来越好，这样才能对得起这些可爱的孩子啊！"在两位校长的密切配合下，这次考前动员大会圆满举办，孩子们也都非常乖巧，在考场上都表现得非常好。

作为副校长，老张非常了解校长的心思。考试成绩还是次要的，在小升初的关键时刻，如果哪个学校出现了作弊的学生，一定会让全校都为此蒙羞。所以，老张在计划动员大会的时候，已经提前想到了校长担心的问题，并且进行了妥善的安排。对于这样的副校长，校长当然非常赏识。

在职场上，不管我们从事什么工作，也不管我们的顶头上司是否好相处，我们都要把握好一个原则：为上司着想，尽量解决上司的后顾之忧。这样一来，上司一定能够感受到我们的心意，也会更加亲近我们。在这种情况下，如果你的工作能力足够强，还愁得不到上司的赏识，没有晋升的机会吗？不管什么时候，我们都要先做好自己该做的，然后才能水到渠成地获得各种机遇和成功的机会。

切实了解下属，发挥每个人的优势

每个人都既有自己的优点，也有自己的缺点，一个人不可能绝对的十全十美，当然也不可能毫无可取之处。作为领导者，首先要做的就是了解下属的长处和短处，从而根据下属的实际情况，为下属安排最合适的岗位和工作，这样才能使下属最大限度地发挥自身的能力，不至于因为岗位不合适而导致能力无法发挥出来。古人云，任人唯贤，我们说，除了任人唯贤，还要发现和了解下属，这样才能任下属唯“长”。

除了发现下属的特长之外，倘若领导者能深入了解下属，还可以激发下属的特长。很多时候，人们对于自己也往往是陌生的，下属对于自身的优点也未必能够完全了解。所谓不识庐山真面目，只缘身在此山中。为此，领导可以以客观的角度观察下属，深入发掘下属的特长，从而帮助下属更好地了解自身，也激发出下属无穷的潜力和斗志。诸如有些下属外向活泼，巧舌如簧，那么可以安排他们从事销售的工作；有的下属性格内向，心细如发，则可以让其整理报表，成为后勤人员；还有的下属做事情很胆大，但是总是捅娄子，那么不如让他从事招聘工作，也许会因为敢想敢说而为公司招来合适的人才……总而言之，如果下属不甚了解自己，那么领导者除了要知人善任之外，还要帮助下属发现自身的特长，并激发下属发展自身的特长，令其得到更好的发展。

作为一名合格的管理者，张明总是能够发现和激发下属的特长，从而知人善任，任人唯长。在他的管理下，每一个下属都有自己擅长的领域，又因为如果不与他人合作，特长就无法充分发挥出来，所以他的下属们彼此间和谐融洽，大家都很积极主动地与他人合作，最终也都实现了自己的目标。

作为一家二手房销售门店，张明的店面里每天都要进行带看的工作。当然，二手房的销售流程是很复杂的，诸如业主来报盘，需要详细登记房源的相关信息；客户来到门店买房，必须深入了解客户需求，才能准确为客户找到房子；在签约之前，还需要进行斡旋工作；在签约之后，还有很多烦琐的后续手续需要处理完成……一个人怎么可能面面俱到，把每个流程都把握得恰到好处呢？为了显得更专业，张明特意根据下属们不同的脾气秉性和行事作风，给他们安排了各自最擅长的工作。诸如，李娟心细如发，而且说起话来温言细语，最适合做房主的工作，因而主要负责和房主沟通，了解房子情况，也为后期的斡旋作准备；李强心直口快，专业知识非常扎实，对于客户的任何疑问都能够圆满解决，为此李强主要负责带客户看房，为客户答疑解惑、计算税费等；马伟是个很有耐心的人，被张明分派负责后续工作，处理各种琐碎复杂的问题……由此一来，在张明的安排下，每个下属都做着自己擅长的事情，因而效率倍增。也因为各尽其能，他们把工作做得非常出色，又因为都很热爱自己的本职工作，他们彼此之间亲密合作，和谐融洽。

如果没有张明作为大家的首脑，督促大家从事自己擅长的工作，也许事情就会完全变样。试想，一个人从事自己擅长的工作和从事自己不擅长的工作相比，哪个效率更高，心情更好？当然是前者。快乐工作，一定要从源头抓起。

正如一位名人所说，这个世界上绝没有两片完全相同的树叶，也绝没有两个完全相同的人。就像一块美玉，即使质地再好，也总会有些许瑕疵，一个人即使能力再强，也总会有自身不擅长的地方。在这种情况下，领导者唯有帮助下属取长补短、扬长避短，才能最大限度地发挥下属的长处，避开下属的短处，从而让下属在工作上事半功倍。

即使做错了，也比什么都不做要好

在职场上，很多人做起事情来都犹豫不决，畏缩不前，也因此而失去了很多千载难逢的好机会，最终导致自己的发展遭遇瓶颈。尤其是对于职场新人而言，他们更是畏畏缩缩，从来不敢放心大胆地去干，导致自己坠入无边的恐慌和焦虑之中。如此进退两难的境地，到底是如何造成的呢？归根结底，是因为这些人内心深处有着对失败的恐惧。他们知道，领导是以他们为公司创造的价值来评价他们的，更是以此作为标准决定是否继续聘用他们。因而，一旦做错，领导对他们的评价必然降低，公司甚至会因此决定辞退他们。如此一来，岂不是非常糟糕吗？

实际上，这些人的所思所想完全错了。对于一个明智的公司领导而言，他们宁愿看到下属犯错，也不愿意看到下属畏手畏脚，退缩不前。否则，公司如何进步呢？在大多数公司领导心里，他们愿意付出一定的代价作为学费，以使员工在不断尝试的过程中迅速成长起来。唯有如此，公司才能不断拥有新生力量，也才能持续进步，迅速发展。

遗憾的是，大多数人都本能地喜欢听到肯定，而害怕听到否定。他们一旦听到否定，非但承受不了领导对他们看法的改变，也无法承受给公司带来的巨大损失，更无法承受因为遭到否定而产生的挫败感。因此，他们首先过不了自己心中的坎，最终导致情绪失落，影响工作和职业发展。面对这种情况，我们首先要做的就是摆正心态。我们不能因为走路会摔倒，吃饭会噎着，就不走路，甚至不吃饭。我们唯一能做的就是作足准备，尽量减少犯错误的概率，从而帮助自己勇敢地前进，哪怕付出犯错误的代价也在所不辞。

刚刚应聘到公司当总经理助理时，刘梦还是得到领导的赏识的。毕竟，刘梦不仅有着名牌大学的文凭，而且人又长得漂亮，身材高挑，气质脱俗。带着这样一个助理出席各种场合，领导也觉得面上有光。然而，一段时间之后，领导发现刘梦有个致命的缺点，即她做事情总是瞻前顾后，一个简单的工作安排都要来请示好几遍，这让领导感到很厌烦。

前几天，领导交代让刘梦做一份文件，总结近几年来办公室里的人员变迁。刘梦当时就再三和领导核实，领导也不厌其烦地给刘梦讲解了。但是，直到三天之后，刘梦还是惴惴不安地问领导：“领导，您帮我看看，这么做可以吗？您说行，我再接着往下做。”领导不耐烦地说：“难道连这么简单的工作要求你都不明白吗？”刘梦脸红了，说：“我主要担心做得不对，就成无用功了，也耽误你的事情。这样再核实一下，心里踏实。”领导不以为然地说：“如果我给每个人安排完工作后，他们都再三找我核实，那我还不如自己做省事呢！”就这样，领导对刘梦的印象越来越差，甚至觉得她就是个中看不中用的花瓶，只能作为摆设，而不能真正实用。后来，领导又找到一个更适合当助理的人选，就把刘梦派到办公室当个普通的文秘了。

原本，作为领导助理的刘梦是非常得意的，而她却因为过于谨小慎微，最终失去了这个好的工作机会。其实，对于领导而言，新下属上任后犯一些错误是可以原谅的，毕竟谁也不是一生下来就有丰富的工作经验的，总要从无到有，逐渐积累。但是，刘梦这样凡事必须汇报并且核实好几次的助理，非但不能给领导减轻麻烦，反而给领导增加了工作的负担。因而，领导果断选择换人。毕竟，哪个领导愿意给自己添堵呢！

每一个人职场人士，尤其是职场上的新人，都应该意识到犯错误并不可怕，可怕的是因为害怕犯错误就永远原地踏步。现代社会，各行各业都在经历日新月异的发展和变化。作为社会的一员，我们也必须加快脚步，跟上时代的发展。否则，时代的洪流必然将我们湮没。这就像是站在河流中，如果河水不断地朝前涌去，你原地静止不动，一定会被无数的河水越过。因而，我们至少要保持与时代同步发展的速度，如果心有余力，还可以超前一些获得进步，这样才能得到更好的机会，从而让自己的人生变得更加精彩，与众不同。

工作永远都需要创新，而不能仅仅是按部就班。作为现代社会的职场人，我们更要与时俱进，跟紧时代的脚步。虽然每个人都不希望被上司否定，但是有时这些否定恰恰是我们进步的阶梯，因为一个聪明人总不会把同样的错误犯两次，更不会在同一个地方摔倒两次。当你伴随着错误不断成长，你的未来也必然更加辉煌。

老板对你越宽松，你越该严格要求自己

很多职场人士都抱怨自己的上司或者老板要求太严格，简直就像凶煞一样恨不得把所有的下属都治理得服服帖帖，让下属能够按部就班地完成工作。因为每个人都有逆反心理，所以这些员工总是情不自禁地要与上司或者老板对着干，叫往东，偏往西，虽然得不到什么好处，但就是觉得好玩。实际上，不管是职场还是官场，都是官大一级压死人的。在这种情况下，胳膊根本拧不过大腿，我们作为小虾米，又何必与大鱼拧着干呢！聪明人不会故意与上司或者老板过不去。既然工作早晚都要干，老板安排或者不安排，工作就在那里，等着你去干，你

还有什么必要与老板玩躲猫猫的游戏呢！在同样的结果下，聪明人会选择主动地完成工作，甚至为自己制定比老板更严格的要求。如此一来，你付出了同样的努力，却更容易得到老板的赏识，因为你没有让老板逼着你去干，而且充分发挥了主人翁意识，给予了自己主动权。当然，如果你能做得比老板要求得更好，那么结果会更加让人欣喜。

现实的职场上，很多人都在抱怨老板，而那些能够先于老板给自己提出高标准严要求的，大多数都已经升职，成了老板的左膀右臂。实际上，被动地干和主动地干，对于个人而言，付出的相差无几。为什么二者的结果相差悬殊呢？因为每一个老板都梦想着当甩手掌柜，都想找到一个值得托付的员工把工作安排出去。如果有一名员工不但提前完成了工作，而且完成的情况超出老板的预期，那么他离升职加薪一定不远了。任何人，都不愿意被强迫。你嫌弃老板唠叨你，殊不知老板也对你恨铁不成钢，扪心自问，你为什么就不能主动地把工作做好呢？记得初中时期，班级里有个女孩非常勤奋好学，到了复习阶段，每天即使老师不布置作业，同学们也都猜测到必定是抄写下一个单元的字词、课文等。因而，她在完成当天的作业后，常常主动完成后一天的作业，始终领先于其他同学。时间长了，语文老师居然“特赦”，减免了她的作业，说她可以主动选择写或者不写，根据自己的掌握情况判断。这个“特权”

需要老师多么大的信任啊，为此，其他同学都羡慕不已。不过，这位同学并没有享用这个“特权”，而是每天更加认真地复习，除了完成老师布置的作业之外，还主动完成更多的作业，让老师赞赏不已。

不但老师对于学生是如此，老板对于下属也同样如此。你是愿意被老师看着学，还是愿意主动自由地学？你是愿意被老板逼迫着工作，整日痛苦不堪，还是愿意自己主动工作，把凡事都做到最好，得到老板的赏识和认可？这是个重要的问题，每个人都要认真思考。

作为公司的老员工，老杨得到了老板绝对的信任。虽然老杨与老板非亲非故，但是一则他是与老板一起奋斗拼搏过来的，二则他这个人严于自律，从未让老板监督过他任何事情，因此，在公司发展壮大之后，老板居然把公司的财政大权交给他来管理。对此，他受宠若惊，连连推辞。老板却斩钉截铁地说：“别说了，全公司我就信任你，对你放心。你就踏踏实实干吧，把它当成自己家的事情干，就行。”

得到老板授予的尚方宝剑后，老杨丝毫没有得意，而是更加兢兢业业。老杨的女儿恰巧是学会计的，大学毕业后，她央求爸爸把她安排到公司里当会计，不想，老杨义正词严地说：“不行，你可以去任何公司，就是不能去我所在的公司。老板这么信任我，我怎么能随意安排人进去呢！”女儿委屈地说：

“但是，你雇用谁不是雇啊，为什么就不能用我呢！我也是正规大学毕业的呀！”老杨耐心地向闺女解释：“你没听说过当官不带家乡人嘛！你如果去了，就算咱们心里知道自己是坦坦荡荡的，但是架不住别人会跟着说些什么啊！到时候我工作上就被动了，如何对得起老板的信任？”就这样，老杨的闺女明明守着一个当财务总监的爸爸，却经过很多次面试才找了一家差不多的公司当了个小会计。

虽然乍一看起来老杨有些不近人情，但恰恰是这份严谨和认真，让老板更加放心地把公司的财政大权交给他。很多职场人士最大的愿望就是遇到一个理解和信任自己的老板，然而，这份理解和信任的分量是很重的。如果我们不能妥善处理很多事情，就会辜负这份理解和信任，最终导致自己无颜面对老板。因而，聪明的职场人士从来不会拿着鸡毛当令箭，老板越是信任他们，他们就越是严肃认真，一丝不苟地对待工作。由此，老板也会更加赏识他们的人品，信任他们的工作能力，而他们的职场发展也会进入良性循环。

每个人都是自己命运的主宰，即使在情势瞬息万变的职场上，我们也要把持好自己，不要随波逐流。任何情况下，我们都要有自己的主见，不要因为他人的言行左右自己，更不要在危急情况下不知所措。只要你能够主动提高要求，严于律己，相信老板一定会在之前的基础上更加信任你，更加愿意委你以重任。让我们为了拥有美好的未来和成功的人生而不懈地努力吧！

如果你想获得信任，就要展现忠诚

古往今来，我们都强调“忠诚”。古人云，为人臣子，必须“忠”；现代社会，身处企业之中，也必须“忠诚”。所谓忠诚，意为尽心竭力，赤诚无私。企业员工的忠诚度是指员工对于企业所表现出来的行为指向和心理归属，即员工对所服务企业的奉献程度。

而从领导的角度看，他们也希望自己的员工能做到对自己随时听命，对企业鞠躬尽瘁。事实上，任何人都不能容忍或原谅别人对其不忠诚，尤以领导为甚。

因此，如果要想获得领导的信任，就必须要在工作中展现你的忠诚。

张敏毕业后来到一家小公司担任秘书一职，她很感谢现在的公司能给自己提供这样一个工作机会。

一次，她和公司王总和肖副总、马副总驱车出差，不小心和一外地车辆发生小车祸，所幸无人员伤亡。对方一行3辆车，有8人，事故发生后，对方仗势欺人，跳下车就要过来打架，王总作为领导主动去沟通，希望好说好散；但是，对方根本就不理智，几个人上来就把王总打翻在地。此时，肖副总、马副总已经不敢言语了，而张敏这样一个弱不禁风的小女子，当时也不知道哪里来的胆量，居然毫不犹豫地挺身而出，上前勇敢地大声说："请你们理智一点好不好，车祸是谁都不愿意出的事，既然出了，就要解决问题，何况没有伤亡就是最大的幸运，如果打架能够解决问题，就请你们打我好了，别打他。可能是你们觉得问题太小，那么，请你们把我打死吧！"说完，张敏做出了一副大义凛然的样子。对方又怎么会真的打一个女人呢？此时，张敏的勇敢、幽默已经说服了对方，于是双方都心平气和了，并找来交警处理，对方也向王总真诚地道了歉。从此，张敏成为了王总最信任的人。

故事中的这位主人公张敏，与公司高层领导患难见真情，救他于生命危险中，自然会得到领导的信任和重用。危及生命的时候，才是最患难的时候，更是检验友谊、情感和忠心的时候。如果我们也能和张敏一样，懂得表达自己的忠诚，在诸如此类的关键时刻挺身而出，便能很快成为领导的心腹。

然而，我们不得不承认，现代职场中，一些人只是把工作当成谋取生存机会的一种手段，他们身处办公室，也只是为了每月按时发放的薪水，而对于领导、公司，他们的态度是漠然的，与领导的关系如何，似乎与他们毫无关系，而这样的人，也永远不可能在职场有所作为。

忠诚，可以说是现代社会的谋职理念，每个组织都需要对组织忠心不二的成员，每个领导也需要对自己、对工作忠心的下属。那么，我们该如何向领导表达忠诚呢？

1. 在领导身处困境时表达忠诚

领导永远是领导，即使是英雄末路，也希望别人尊重他，当领导深陷困境的时候，别忘了给他尊严和面子。即使他需要帮助，他一般也不会主动开口，因为他觉得这样会显示出自己能力不如下属，会觉得失了面子。因此，你不妨放低姿态，告诉领导你的解决方法曾经是他传授的，这样，领导也会宽慰很多，并感激你的细心，自然会把你当成知心人。

2. 以行动证明自己足以被信任

真正表达忠心的方式依然是行动，要成为领导的心腹和知己，最最重要的一点就是要有实力，用实力说话是职场永恒的成功法则。否则，你空有一颗忠心，却不能为领导解决任何问题，也不会得到领导的信任和重用。

3. 为领导鞍前马后也需保持一定距离

这里的一定距离，指的是接触频率的问题，平日交往，既不要过多、也不宜过少，应该把握在你们双方都感觉恰如其分的范围内。毕竟，一个下属，与上司过于亲密，会招来很多闲言碎语。而同时，距离太近，也会产生一些负面效应：第一是打扰领导工作和休息；第二是扭曲自己的人格，也会让你的同事反感你，有套近乎之嫌。当然，也不能与领导交往频率过低，因为沟通太少、信息不通畅容易引起误解。

领导就是带领大家共同实现目标的那个人，要实现目标就需要智慧，为此，我们不仅需要懂得领导的智慧，更需要有解决问题的智慧。任何一个领导，都希望自己的部下能忠诚于自己，而忠诚于自己，并不是说完成分内的工作就能体现出来。聪明的人们，你们需要主动表达自己的忠诚，如果你既懂得随时听候领导的指示，在领导需要你的时候及时出现，又有工作能力为领导排忧解难，你肯定能够和领导成为事业搭档，还能够成为领导的左膀右臂。

第05章 让优秀成为习惯：用行动和成果证明你的价值

用行动证明自己值得信赖

现代生活中，那些到处宣扬自己值得信任的人，反而无法取得他人的信赖。因为这样的人要么是自高自大的自恋狂，要么是因为太爱自己而认不清自我的人。因此，证明自己值得信赖的最好的办法是以行动示人。行胜于言，对他人的诚信行为远比那些空洞的语言来的更真实。我们都知道，诚实是做人的原则，是一种正直的品格，历来受人推崇。现代社会，市场经济日益繁荣、行业竞争日益激烈，人们也深知信任在自身发展过程中的重要性，然而，一些人认为，只要说好场面话，就能建立信任，很明显，这只不过是自欺欺人而已。也正因为如此，他们的言行不一也导致了彼此间的信任危机。莎士比亚有句名言："质朴比巧妙的言词更能打动我的心。"其实，只要我们将行动放在第一位，少说漂亮话，是很容易打动对方的。

一个大雪纷飞的日子里，一场战斗正在进行中。在这场战斗中，发生了这样一个故事：

一名将士带着自己剩下的几名士兵继续守护自己的城市，但不幸的是，他很快听到消息，敌军马上就要来攻打这座城池，而凭他们的实力，是撑不了多久的，为此，他决定派一名自己信得过的士兵去另外一座城市求援。在接到命令后，这位士兵马不停蹄地赶往另一座城市。

在半路，士兵却遇到了一个难题：天马上要黑了，温度也降了很多，前面的湖面一个人都没有，所有船家都回去了，他只得在这里等候，看看有没有出没的船只。

天真的黑了下来，这个士兵很害怕，瑟瑟的风吹着，他冷得缩成了一团。天又开始下雪了，还越下越大，他暗暗祈求：上天啊，求你再让我活一分钟，求你让我再活一分钟！当他就快撑不住的时候，他看到，天亮了。

他牵着马来到河边，眼前的景象让他欣喜若狂——那条原本阻碍他的大河已经结了冰。他试着在河面上走了几步，发现冰冻得非常结实，他完全可以从上面走过去。士兵喜不自禁，忙牵着马走过了河面。城市就这样得救了，得救于士兵的忍耐和等待。

其实，我们的身边也有这样一些和故事中的士兵一样值得信任的人，即使遇到再大的困难，他们也会坚守自己许下的承诺。

“因为做人最要紧的是诚实，一个人不诚实，人家就不相信你，失信于人，就不会有威信，也就什么事情也干不成了。”这是我国伟大的历史学家司马光的父亲司马池从小对孩子的谆谆教导。守不守信用，讲不讲信义，是一个人具不具备良好人品的表现，而它的形成不是随随便便的，而是在生活实践中慢慢形成的。百尺之台，始于垒土。为此，一定要注意从小事做起，从一点一滴做起，你不妨从这些方面努力：

1. 防微杜渐，认识到不诚行为的危害

有位美国学者，为了给自己的某个研究找素材，他来到某监狱采访了50个罪犯，最后，他发现一件有意思的事。

有一个罪犯在坦白自己是怎么走上犯罪这条道路时这样说：

“我是从撒谎开始走向犯罪的。”

“那你为什么要撒谎呢？”

“小时候，家里面兄弟姐妹好几个，有一次分苹果吃，其中一个苹果又大又红，我们都想要那个大红苹果。我对妈妈说：‘妈，大的红苹果给我吃。’妈妈瞪我一眼说：‘你不懂事，你怎么带头吃大的呢？’当时我观察发现，谁越说要大的，妈妈就越不给谁，谁不吱声或说了反话，谁就最有希望得到。这时我就撒谎说：‘妈妈，我就要最小的苹果。’妈妈说：‘真是个好孩子，就把大苹果给你。’说假话可以吃到大苹果！啊，越想要就越不说，到时候，你‘表现好’就可以得到。我们为了吃大苹果，所以就说假话。”

一次次小的撒谎行为累积起来，就可能酿成整个人生的悲剧，这些罪犯之所以会走上人生的错误之路，就是从小小的谎言开始的。

2. 凡事诚实，不要敷衍任何人

因为只有诚实才能看清自己的未来，触摸到幸福的温馨。生活中，无论是对待朋友还是同事、家人，都要做到诚实面对，凡事做到问心无愧，你一定会成为一个正直的人。

3. 一诺千金，不要为了面子轻易允诺他人

真诚是力量的一种象征，它显示着一个人的高度自重和内心的安全感与尊严感。守信也是一种具备荣誉感的表现，也就是说，不要轻易允诺别人，一旦允诺，就要尽力做到！对于的确是非己力之所能为的事情，一定放下面子，及时诚恳地向对方说明实际情况，请求谅解。

总之，一个重视自己诚信行为，“言必信，行必果”的人，才能逐渐形成迷人的人格魅力，才能成为值得信赖的人，才能最终得道多助，这也会是我们一生的资本和财富。

在有限的时间里创造出更多的价值

犹太人素来以珍惜时间出名，他们认为，珍惜时间是通往致富道路的关键，谁能够更好地利用时间，谁就能赚得更多的钱。商人更要懂得时间的重要性，珍惜时间，合理利用时间，

争取在有限的时间里创造出更多的价值。所以，犹太人的做事习惯是做事利索、绝不拖泥带水。

另外，犹太人在时间管理上遵循二八法则，也就是在最高效的时间内将精力集中于最重要的80%的任务。还有，犹太人最看重上班后的一个小时，他们将这一小时称为“第克泰特❶时间”，在这段时间里，他们必须将昨天下班到今天上班之间接到的信函、传真、E-mail等全部回复，用电脑打好并发出，或者用电话回复。这段时间内，他们谢绝会客。犹太人之所以注重“第克泰特时间”，是因为在激烈的商战中他们以“马上解决”作为工作的座右铭。在能力卓越的犹太人的办公桌上，看不见“未决文件”。生活中的人们，也要学习犹太人的时间管理方法：马上去做、绝不拖延。

诺斯古德·帕金森是英国著名的历史学家，他在分析了为何“大型组织大而无当，毫无生气”后指出：“事情增加是为了填满完成工作所剩的多余时间。”这个定律告诉我们，工作效率低，是因为我们给了这个工作太多的时间。

帕金森描述了一位老太太花了一整天时间，寄一张明信片给她侄女的过程：花一个小时找那张明信片；花一个小时找眼

❶ 第克泰特用英文dictator的音语，第克泰特时间可以理解为“专用时间”。

镜；花半个小时查地址；花一个半小时写明信片；用20分钟考虑寄信时要不要带伞。就这样，一个人只需花3分钟就能干完的事情，却让另一个人花了一整天时间才干完，并且犹豫不决，疲惫不堪。

从这个实验中，帕金森得出结论：做一份工作所需要的时间、精力、资源，与工作本身并没有太大的关系，一件事情膨胀出来的重要性和复杂性，与完成这件事花的时间成正比。换句话说，如果你给自己太多时间完成一件工作，那么，不仅不能提高效率，反而会容易使人懒散，缺乏工作激情。

犹太人皮特是一家公关公司的市场部经理，他来这家公司工作时间不长，才只有三年，但他已从一名市场专员晋升到经理，他的工作能力和效率确实是有目共睹的。在公司的年会上，他总结自己的工作经验时说："我们是专业的公关人士，对我们最重要的是什么，是效率！我们的客户最重视的也是时间。所以，任何时候，我们都要有紧迫感。我建议大家，工作中，能电话解决的问题就尽量不面谈；能自己解决的问题就不要兴师动众地开会；能立即做的事情就不对坐闲扯；能当面交待的事不行文下达。大家看，为了能节省时间，我现在已经搬到办公室附近的地方住了……"

这里，皮特就是个执行力强的人，值得上班族学习。据专家考证，一般上班族每天真正用于工作、达到忘我境界的时间往往只有两小时。而原因之一就是我们做事常常没有紧迫感，要么等到最后时限才紧赶慢赶，要么坐等下班。在现如今飞速发展的时代，时间就是金钱，时间就是生命。没有哪位上司喜欢太慢的员工，工作效率是企业的生存之本，也是员工在企业中的发展之本。工作时我们要严禁怠慢心理，优哉游哉的心境适合逛商场，而不是职场。

那么，我们该如何调节自己的工作状态，以防止拖延造成身心疲惫呢？

1. 制订计划，按计划做事

每日为自己制订一个工作计划，做一个工作列表，把每日需要做的具体工作按照轻重缓急排列，另外相似的工作最好排在一起，便于思维。先处理紧急的工作，再处理重要的工作，最后处理简单、缓慢的工作。制订工作计划，每日的工作才有方向，才不走冤枉路，马壮车好不如方向对，没有方向瞎忙活，再努力也是枉然。

2. 集中精力

工作时一定要集中精力，全身心地投入工作，避免分心，要学会善于集中精力做一件事，而且是做好这件事。工作切忌三心二意，否则只会捡了芝麻掉了西瓜，甚至哪件事都做不好，让别人否定你的能力。

3. 简化工作

将简单的东西复杂化不是本事，将复杂的东西简单化才是能耐。当工作像山一样堆在面前时，不要硬着头皮干，因为根本做不好。首要的任务就是将工作简化，当面前的大山被你简化成小山丘后，是不是豁然开朗，收到了事半功倍的效果？

4. 保证睡眠

保证充足的睡眠，不仅能恢复当天体力，还能为第二天提供充沛的精力。睡眠在人的生活中占据相当重要的地位，在一天的24小时中，睡眠占至少1/3的时间，可见睡眠是不能应付的。只有身体、大脑得到充分的休息，我们才能有旺盛的精力投入到工作中，才能提高工作效率。

5. 劳逸结合，会休息才会工作

不能一味地埋头工作，就像老牛拉犁一样，人的体能是有限的，大脑也是需要休息的，超负荷的工作只能降低工作效率，产生事倍功半的结果。不会休息就不会工作，适当地放松下，工作一段时间后，站起来活动15分钟，喝杯水，听听音乐，都可以让身心放松下来。工作时要为自己保留弹性工作时间。

我们若想精力充沛地工作，就要改变现在的工作习惯，就要有时间意识，拖延、虚度光阴的人，连工作都做不好，更谈不上效率，没有人会赏识这种人。当然，我们还要懂得劳逸结合、平衡好工作和生活，以防过重的工作负担压垮我们。

训练缜密思维，注意细节问题

生活中，人们常说“细节决定成败”，而马虎粗心是人类性格中的一个缺点，因为马虎粗心而造成不良后果的事件很多。我们任何一个人，都应该做到对所有事都认真、严谨，并训练自己缜密的思维，注意细节问题，才能在未来社会的竞争中立于不败之地。

犹太人认为，做任何事都不要放过细微之处，用心做好每件事，这不仅是工作的原则，更是人生的原则。然而，不得不承认的是，生活中，很多人都有做事马虎的毛病，其实，做事马虎并不是因为他们粗心，而是因为他们没有摆正态度。一个人如果不端正态度，那么，不但会影响他的学习成绩、工作效率，还有可能给他的生活带来不幸，给社会带来灾难。“小马虎”从表面上看似乎不是什么大毛病，但若不及时纠正，就可能造成严重后果。

一天，以色列的一家酒店来了一位美国女宾，她衣着讲究，应该是个上层社会的人，但她似乎很匆忙，只是简单地安顿了一下行李，就去参加商业洽谈了。

这位女宾的举动很快引起了细心的值班公关经理的注意。值班公关经理在女宾走后，很快吩咐服务员重新布置来客的房间，把房内的地毯、窗帘、床罩和桌布统统换成大红色。

美国女宾忙了一天回到酒店，对自己房间的变化甚为惊讶，怀着好奇的心理去问公关经理为什么这样做。犹太经理说："我看见您的皮鞋、提包和帽子都是红色的，猜想到你对红色一定有兴趣，于是就做了这样的布置。您商务繁忙，更需要休息得好些。这样的环境，您喜欢吗？女宾听了非常满意，当即取出支票本，开了张10000元的支票，作为小费赠送。投其所好，留意顾客的衣着举止，使酒店赢来了顾客的青睐和信誉。

案例中的犹太公关经理就是从细节入手，通过充分了解、分析顾客心理来投其所好，从而获得客户好感，为酒店的声誉作出了贡献。

世界第一CEO杰克·韦尔奇也曾经说过："干事业实际上并不依靠过人的智慧，关键在于你能否全身心投入，并且不怕辛苦。实际上，经营一家企业不是一项脑力工作，而是体力工作。"荀子曾在《劝学》一文中提到："不积跬步，无以至千里；不积小流，无以成江海。"这句话告诉我们重视细节与基础的重要性。生活中的人们，无论你从事什么工作，你都必须从现在起培养自己认真做事的态度。

我们再来看下面一个犹太寓言故事：

这天，一只老马带领一群小马去喝水。

"现在，只有十分钟就到池塘了。"

又走了二十分钟，这些小马在河边停了下来。奇怪得很，小马们虽然走了近一个小时，却并不觉得怎么疲惫。

老马给它们解释不疲惫的原因。

“今天所走的路，你们可以常常记在心里。这是生活艺术的一个教训。你与你的目标无论有多遥远的距离，都不要担心。把你的精神集中在十分钟内的距离，别让那遥远的未来令你烦闷。”

将“精神集中在十分钟内的距离”，多么睿智的方法。然而这也是很多人目前最缺乏的智慧。他们往往将目标着眼于大处，而常常忽略了小的问题。一座建筑是由一砖一瓦砌成的，每一砖一瓦本身显得并不怎么重要，但是，缺少了它们，高楼如何建起？同样的道理，成功者的一生都是由无数个看上去微不足道的小方面构成的。

有一位退休的犹太员工告诫他刚参加工作的儿子说：“无论以后你从事哪一种工作，都要全身心地投入。能做到这一点，就不会为自己的前途操心。世界上到处是散漫粗心、三心二意的人，那些心无旁骛、全身心投入工作的人始终是不用愁没有工作的。”这位父亲无疑是睿智的。

他的话鲜明地揭示了一个放之四海而皆准的真理：一个人无论身居何处，无论从事何种职业，都要首先全身心投入其中，尽自己最大的努力，求得不断的进步。有些人之所以能够取得成就，原因就是他在某个领域全身心投入过。

要想把事情做到最好，你必须在心中为自己设定一个严格的标准，并且，在做事时，你一定要按照这个标准来执行，绝不能马虎；另外，在作任何一项决策前，一定要思虑周全，并作广泛的调查论证，广泛征求意见，尽量把可能发生的情况考虑进去，以尽可能避免出现哪怕1%的漏洞，直至达到预期效果。

认真是任何人要做好一件事情的前提，如果对什么事情都敷衍了事，草草出兵，草草收兵，必然什么都做不好。然而，是否重视细节是一种习惯，要形成这种习惯，不能光说不练，要靠平日里的习惯培养，久而久之，你也就有了自我控制的能力，也就能认认真真对待每件事，把每件事都做到位。

写工作日志是一种很好的工作习惯

身处职场，我们每天都需要处理很多事，有时候，即便我们完成了任务，也会因为时间久了而忘记，忘记哪些部分没有处理好，忘记哪些工作内容需要改进。要避免这一情况，我们可以养成写工作日志的好习惯，将那些工作中的片段记录下来，或者对工作加以总结，这都能帮助我们在工作中获得水平的提升，也能节约时间、提高工作效率。我们先来看下面的案例：

小荣已经毕业六年了，从刚毕业的时候，她就一直在这家公司的客服部门工作，功夫不负有心人，几年的努力换来了一个主管的职位。正因为她是从大学生过来的，从刚踏上社会，她一个人打拼，也没有人帮助她，所以，她对那些新来的职员都特别好，尤其是对他们在工作中遇到的问题，能帮上的她都义不容辞。

最近，公司客服部门新招来一个员工小阳，小荣发现，这个小阳好像做什么都比别人慢半拍，也许是因为新手的关系吧，小荣也没有多想。但是，半年过去了，这位员工还是做事效率低，比如，与客户沟通，好像总是搞不清楚状况一样，每次都要小荣帮忙再处理。小荣决定找她谈谈。

“其实，我也不知道为什么，事情太多了，我根本记不过来，很容易张冠李戴，把客户的问题搞混了。还有，我最怕写工作报告了，那么多的资料，实在不知道怎么用。”小阳这样说。

听完之后，小荣知道问题出在哪儿了：“小阳，我想你大概忘了，在你刚进公司接受培训时，培训师是反复强调了要做工作日志的，我们客户部门，本来就琐事很多，你不写工作日志，怎么能指望把什么都记住呢？”听完主管的一番话，小阳如梦初醒。

故事中，下属小阳工作效率低下，就是因为她没有找到正确的工作方法，这里主要是因为没有写工作日志。的确，如果以工作日志的形式记录下每天的工作事项，清楚自己每天的工作进展情况，就能做到有备无患。在你写工作日志的时候，在你把记忆中的东西转变成书面文字的过程当中，你必定要对已完成的工作在大脑中进行一番整理。这样一来，既保证了大脑的清晰性，使工作内容更加透明，梳理了工作条理，增强了思维的逻辑性，也能使你更自信、更勤奋、更积极地面对每天繁重的业务和激烈的市场竞争的挑战。

再举个例子：在今天一天的工作当中，你一共打电话给了10个客户，以了解你的工作目标，电话打完后，你不妨尝试着记录下这10通电话的沟通情况。很快，你就能发现，在和客户沟通的时候，不同的客户会对你的产品或者工作提出不同的问题和疑问。比如，有的客户说价钱贵，有的客户说政策操作麻烦，有的客户说控价体系不完善。当你第二次再给客户打电话的时候，你就可以提前把客户的所有问题或疑惑都打消，这样可以为你与客户顺利合作打下良好的基础。

另外，写工作日志能帮我们形成严谨的工作作风。只有把工作中的点点滴滴都做到了、做好了，才能把你的工作做好。要记住工作中的点点滴滴，那就要靠良好的工作习惯——写工作日志来解决这个问题了。只有在工作当中多记、多想，才不会疏漏这些小点滴、小事情。因此，可以说工作日志能够培养出严谨的工作作风。

因此，管理专家们建议，我们每个人职场人士都要养成写工作日志的习惯。

那么，我们又该怎样写工作日志，它包括哪几个部分呢？

1. 每天工作事项的记录

刚开始可以简单地记录下每天的工作事项，之后，在记录的过程中你就会渐渐发现：我每天只记做完的工作，那么我没完的工作怎么办呢？我每天怎么老是完不成工作计划？我明天一定要完成……由此树立坚强的意志，激励自己。或者，我记录下了每天的工作事项，较轻松地完成了工作的计划，工作当中还有富余的时间，我还有精力或能力去做更多的事情，为何不去多做些事情呢……由此开发了潜能。

2. 每天遇到的工作问题的记录

开始写工作日志的时候，可能是简单的问题记录，俗话说，熟能生巧，只有和你每天面对的问题见面的次数多了、熟了，才能找到解决的好办法。对问题处理得好的情况，可以借鉴，以后应用到类似的问题上；对处理得不好的问题，可以再通过记录、分析，找出更好的解决方法，扬长避短。

3. 工作心得的记录

在每天写工作日志的时候，你会发现你的思维清晰了，逻辑性加强了，进而个人的工作心得和看法也增加了，对待问题和挫折的时候，自己的处理能力也有了……清楚地了解自己的个性定位，对个人今后的人生发展有百利而无一害。

4. 罗列能预想的第二天的工作内容

把自己能预想到的第二天应做的工作和该处理的问题简单列出来，使自己在第二天的第一时间解决掉这些事情，逐渐形成严谨的工作作风，培养自己有计划有目的的工作习惯和能力从而令自己看得更远，想得更深，飞得更高。

总之，树立正确的工作日志写作理念是一个好的工作习惯，向往美好的东西和追求美好的事物是每个人的心愿。对于这么一个对我们的工作有帮助、有意义的好习惯（写工作日志），咱们大家为什么不去积极的培养呢？对此，我们应强制树立正确的写作理念，对自己写工作日志充满信心，久而久之，我们便能养成这种好习惯了。

做好容易被忽略的小事，更能赢得领导赞许

每个人都梦想着自己有朝一日能够做一件惊天动地的大事，一鸣惊人。然而，令人遗憾的是生活中充满了琐碎的小事，总是牵扯我们无限的精力，让人疲惫不堪。这就是生活的

常态。不仅生活如此，职场也是如此。无数职场人士都对工作挑肥拣瘦，总是嫌弃平凡的工作无法立竿见影地证明自己的实力，而事实却是，那些能够把每件小事都做好的人获得了最终的成功。由此可见，任何伟大都是由渺小汇聚而成的，任何独特都是从平凡中缓步走出的。只有做好细致入微的小事，尤其是做好那些连上司都不曾注意到的小事，你才能赢得上司的认可和赞许，打开自己职场晋升的通道。

在人才辈出的现代职场，才能虽然是叱咤职场不可缺少的条件之一，但它并非是完全且充分条件。比起那些恃才傲物的人，上司显然更希望自己的下属能够脚踏实地地做事，坚持不懈地努力。当你想得比上司更周到，也把那些细致入微的小事做到极致时，你就会发现上司渐渐开始对你刮目相看，更加信任和赏识你。

电视剧《欢乐颂》中的主人公之一盈盈就读的大学名不见经传，大学毕业后，她挤在如潮的名牌大学生中找工作，理所当然地受到了挫折。直到大学毕业后三个月，盈盈还没有找到合适的工作。后来，还是在合租室友的介绍下，她才进入一家咖啡店当销售员。

盈盈刚刚进入咖啡店，压力非常大。由于每个人都各司其职，所以根本没人耐心地教盈盈那些关于咖啡的知识。为了尽快了解种类繁多的咖啡，盈盈有一天居然亲自品尝了二十多杯咖啡，她直接喝晕了。经历了这个难熬的阶段后，盈盈终于对咖啡有了一定的了解，工作起来也得心应手一些了。突然，她的小脑袋瓜子里灵光一闪：大学时我曾经在学习之余在淘宝上帮别人代卖东西，如今我怎么就不能开个咖啡的淘宝网店呢？说干就干，盈盈当即向主管提议，没想到，主管是个老迂腐，根本不了解最近才流行的网购。看到主管不支持自己，盈盈只好利用业余时间，自己搜集整理资料，拍摄照片，就这样开起了淘宝网店。没想到开业第一天，盈盈就有了生意。当她从手机上看到顾客要订购咖啡，还说很喜欢她家的咖啡只是因为距离远没法经常买时，盈盈简直喜不自禁。她兴奋地把这个消息告诉主管，主管大为惊讶。就这样，盈盈几乎每天都能卖出去几单咖啡，主管看到她的网店风生水起，也没有耽误正常工作，不由得对她刮目相看。后来，随着盈盈的生意越来越好，主管主动向经理申请，在天猫开了一家咖啡店，就由盈盈负责。伴随着天猫的口碑越来越好，主管还让盈盈招聘两个网店客服，由她负责管理呢！

原本费尽千辛万苦才找到工作的盈盈，因为非常用心，想到了主管不曾想到的细节，最终给自己开辟了职业的新天地。作为全公司第一个开展网络销售的职员，盈盈显然是个大功臣，想必在未来的日子里，她一定会把网店发展得越来越好，她的职业之路也会越来越开阔。

职场上，每个人都想得到上司的刮目相看。要想真正得到上司的赏识，我们就应该想上司之所想，急上司之所急，再把上司忽略的小细节也全部做到位，这样才能博得上司的认可，个人的职业发展也才能更加顺畅。

第06章

明确前进方向：目标具体清晰人生不再迷茫

做自己感兴趣的事更容易获得成功

俗话说，兴趣是最好的老师，一个人只有在他的兴趣范围之内做事，才能充满热情，才会认真，才更容易成功。巴菲特喜欢数字，因此他成了最成功的投资家。当我们做自己喜欢做的事情时，就会带着极度的兴奋和长久的兴趣沉醉在其中，为了做好这件事，我们甚至茶饭不思，睡觉都会梦见它，因为我们愿意对它投入许多的时间和精力，这样一来，自然容易成功，而我们也可以从中体会到快乐和满足。反之，假如你做一件毫无兴趣的事，你就会感到时间过得很慢，你不会愿意为了做好这件事而去学习和努力，即便你靠着自己所具备的能力做好了它，也无法激发出你内在的潜能，最后，你自然是不容易获得成功的。

动手能力很强的丹利和巴菲特是好朋友，他什么机械都愿意搞弄一下，什么都能修好，好像是生来就有这种能力一样，但是巴菲特则不喜欢做任何的技术活，也没有丹利做得好，他只喜欢读书，而且过目不忘。在高中毕业前，他就已经阅读了关于商业的书籍约100本，当丹利在修车的时候，他就会在边上朗读这些书籍。因为两人各有所长，所以他们都很佩服彼此。

一次，丹利报出20个两位数来求总和，当丹利在纸上演算的时候，巴菲特已经给出了的答案，而结果和丹利笔算出来的一模一样。大学毕业后，他们凭借各自的特长，都取得了成功，丹利成为了公司的技术总监，而巴菲特则成为了一名投资大师。

如果他们各自从事与自己特长无关的事业的话，那么可能他们都不会成功，所以，取得成功的关键，不是你拥有多少的特长，而是你是否把你的特长发挥到了最高水平。如果你仅仅是每一样技艺沾点边，那无疑很难取得成功，而且一路上你走得异常艰难。

很多人都想不到，巴菲特小时候其实是一个内向而敏感的人，不管在学习还是生活中，他都和别人一样，有的地方甚至不如其他的孩子。而当别人都嘲笑他时，巴菲特却发现自己这些缺点给自己带来的最大的好处是培养了自己的耐心，而且他发现自己从小就对数字充满兴趣。在巴菲特27岁前，他做过很多不同行业的工作，如销售、法律顾问，甚至管理过一家小厂，可是，当他发现自己对数字的敏感并且有很好的耐心时，“投资家”就成为他为自己今后的职业所作的定位。

1. 找出自己显著的优点

静下心来，看看自己有哪些个人资产。比如，朋友喜欢与你相处吗？你总是对周围的环境保持好奇心吗？你总是乐意帮助别人吗？你可以针对自己的特质，列出至少5个优点。如果你认为自己没什么特长，那就尽可能多地给自己一些机会去接触更多的选择，比如，去了解不同的行业，然后从中挑选出自己的兴趣，或者通过图书馆、网络等方式寻找特长爱好。只有接触你才会尝试，只有尝试你才能找到自己的特长。

2. 找出自己的天赋

你需要找出自己所具备的天生的特质或你这一生所展现的才华。比如，是否有强健的体魄？是否可以承受艰苦的劳动？是否有绘画天份？是否具有音乐才华？是否擅长文字写作？是否有满脑子的创意？有时候，之所以你对任何事情都没有兴趣，那是因为你接触的范围不够广，对许多事情也不了解。所以，在发现自己的天赋之前，你需要不断地开拓自己的视野。

热忱是行动的主要推动力

巴菲特对自己的投资工作充满激情，当有学生请巴菲特指示方向的时候，他总是这样回答："我和你没什么差别，如果你一定要找一个差别，那可能就是我每天都充满激情地做我的工作。如果你要我给你忠告，这就是我能给你的最好的忠告了。"激情，其实就是以最大的热忱投入到工作中去。拿破仑·希尔说："热忱是一种意识状态，能够鼓舞及激励一个人对手中的工作采取行动。”其实，不仅如此，热忱还具有极强的感染力，不仅会对怀着热忱的本人产生重大影响，还会感染所有和他接触的人。热忱是行动的主要推动力，有的人清楚地知道怎么样鼓舞追随者发挥出热忱，他们中的很多人成了人类最伟大的领袖。拿破仑就是崇尚热忱的一位卓越领导者，他每次在评估一个人的时候，不仅考虑到他的才干和能力，还会考虑他的热忱，因为拿破仑·希尔认为，如果你有热忱，几乎就所向无敌了。

一位老妇人在一个雨天走进了匹兹堡的一家百货公司，一副不打算买东西的样子，在公司里漫无目的地闲逛着。这个时候，大多数的售货员都是自顾自己地整理货架上地商品，对老妇人毫不理睬，以避免她给自己带来麻烦。唯有一位年轻的男店员在看见妇人后马上向她打招呼，并且询问她需要什么样的帮助。“我并没有准备买什么东西，我只是进来避雨的。”老妇人如实地回答道。男店员却毫不嫌弃，说到：“我们同样欢迎你的到来。”男店员为了显示自己的诚意，主动和她聊起天来，并且在老妇人离开的时候给她打着伞，亲自送她走出门口。而老妇人向那位年轻人要了一张名片就离开了。

没有过多久，年轻人被老板召到了办公室，并且向他出示了一封当时那位老妇人写的信，她要求百货公司派一名销售员到英格兰接下为一所豪华住宅装潢的工作。原来，这位老妇人就是钢铁大王卡内基的母亲。

案例中的年轻人之所以得到晋升的机会，与其对工作的激情是分不开的，他用自己的激情投入，为自己创造了机会。激情是一种动力，它会不断促使人们去开拓自己，成就自己。激情是一股不可抗拒的力量，足以克服一切障碍和不如意。激情是一种工作的精神特质，它代表着一种积极的精神力量，当然，这样的力量是不稳定的。不同的人，激情程度与表达方式不一样；同一个人，在不同的情况下，激情程度与表达方式也不一样。总而言之，激情是每个人都具有的，人要被正确利用，它就可以化为巨大的能量。

巴菲特认为，怀抱热忱的人可以感染别人的情绪，从而使得事情朝着良好的方向发展。因此，每个人在做事物的时候，都应该抱着积极、热情、认真的态度，因为只有这样，才能取得进步和成功。可以说，在工作中，热忱是比其他因素都更为重要的因素，没有热忱就没有创造力。

1. 热忱是一种动力

热忱是一个人迈向成功的无限动力。热忱，为我们所做的每件事情都添加了火花与趣味，无论事情有多困难，我们都会以不急不躁的态度去完成。只要怀着满腹激情，任何人都会成功。查尔斯·史考伯曾说：“对任何事都热忱的人，做任何事都会成功。”在日常生活中，即使自己失意了，我们也应该避免失败者的态度，不要认为自己失败了就再也没有办法重新获得成功。相反，我们应该给自己找一个进取的理由，怀着热忱的态度，鼓舞自己和家人，因为，一个人只有充满热忱和希望，才能面对未来，才会赢得成功。

2. 热忱是做事成功的第一要素

麦克阿瑟将军说："你有信仰就年轻，疑惑就年老；有自信就年轻，畏惧就年老；有希望就年轻，绝望就年老；岁月使你皮肤起皱，但是失去了热忱，就损伤了灵魂。"这几乎是对"热忱"最好的赞词。事实上，这并不是一段单纯而美丽的话语，而是迈向成功的必要途径。因为满怀热忱，在成功的路途上，我们会更容易获得成功。

目标清晰让你能更果断地前进

常常听到很多人说，我真的想成功，也想确定人生目标然后努力去做，但就是不知道该怎样去做。为什么会有这样的情况呢？其实，这只是因为这些人不够了解自己，不知道怎么确定一个具体的目标。

首先，我们要清楚一个清晰具体、可以帮助我们前进的目标应该是怎样的。具体的目标可以指导我们的行动，能让人产生前进的动力。目标不仅是奋斗的方向，更是一种对自己的鞭策。目标明确了，就有了热情，有了积极性，有了使命感。拥有明确目标的人，会感到心里踏实，注意力也会出奇地集中起来，不再被那些繁杂的事所干扰，直至完成目标。

美国著名的哈佛大学在1979年对应届毕业生作了一个调查。在调查中，他们询问应届毕业生中有多少人有明确的人生目标，结果只有3%的人有明确的人生目标并且写在了日记本上，他们把这些人列为第一组；另外有13%的人在脑子里有人生目标但没有写在纸上，他们把这些人列为第二组；其余84%的人都没有明确的人生目标，他们的想法是完成毕业典礼后先去度假放松一下，这些人被列为第三组。

10年后，哈佛大学又把当初的毕业生全部召回来作一次新的调查，结果发现，第二组的人，即那些有人生目标但没有写在纸上的毕业生，他们每个人的年收入平均是那些84%的没有人生目标的毕业生的两倍。而第一组的人，即那些3%的把明确人生目标写在日记本上的人，他们的年收入是第二组和第三组人的收入相加后的十倍。也就是说，如果那97%的人加起来一年挣一千万美元，那么这3%的人加起来的年收入是一个亿。

明确清晰的目标是行动通向成功的指南针。当人们在行动时有明确的目标，并且把自己的行动与目标不断加以对照，清楚地知道自己的进行速度和与目标相距的距离时，行动的动机就会得到维持和加强，人就会自觉地克服一切困难，努力达到目标。

人若没有目标，做事时就往往会犹豫不决。比如，心里没有目标，在饭馆吃饭点菜时，便没有主意，只能听从服务员的介绍。再比如，想买一套房子，但是目标不明确，东也看，西也看，最后由于看累了，便决定随便买一套……然后等到静下心来，你吃饭的时候才发现点的菜不是你喜欢吃的，你买的房子也有很多的问题。而人生的成功远不是随便点一道菜或买一套房这么简单。点菜或买房，若目标不清楚，你没主意的时间可能是几十分钟或几个月，造成的损失也不过是几道菜或一幢房子。

人生是一个漫长的过程，如果没有具体的目标，必然会活得浑浑噩噩，像成天围着磨盘打转的驴子，日复一日地重复自己，一生也走不出那个狭隘的天地。但是，如果在心中为自己设下目标，那么，每向前跨出的一步就都将变得意义非凡了。

每个富有的人，他们之所以收获成功，就是因为他们有明确的人生目标。说到金钱财富，也是同样的道理，如果你还没有制订出很具体明确的摆脱穷忙的目标，那么你也很难摆脱穷忙。很多人讲，我要成为富人，挣很多的钱，这样的人很难富起来。因为，这都只是想法而不是目标。这样的想法太抽象、太空泛，不具有实际的指导作用。而目标是要有具体数字、时间期限、详细的计划的，制订目标后，我们必须为之付出努力和行动，并且每天每个星期每个月都要衡量进度。

就财富而言，你必须设定一个数目以及实现目标的期限。设定了明确的成功目标，就会在你的大脑中，在日常思维里，甚至在你的神经系统中都种下一颗成功的种子。这颗种子，会深植在你的潜意识里，自动地生根发芽并壮大。

你可以花钱买一个精致而漂亮的笔记本，在笔记本上写清楚你在五年之内想要实现的财富目标。把目标写在笔记本上后，每天看几遍，时时提醒自己。如此，你的大脑便会记下你的目标，并自动找出好的主意和方法让你实现目标。潜意识会让一个人不自觉地想到他的目标，在无意中找到实现目标的最好方案。

“生命紧迫法”让你的人生不再迷茫

在我们的生活中，每个人都有自己的梦想，但是当你问一些人为什么不去执行时，他们会说：“不着急，还早。”他们总觉得自己还有大把的时间可以挥霍。他们虽然有梦想，但最后都没有实现，这是因为他们缺乏时间的紧迫性。

我们先来假设一下，有两个年轻人，他们能力不相上下，也都一无所有。一个年轻人目标明确，总是积极向上、每天干劲十足、努力充实自己；另外一个年轻人，他目标模糊、满足于现状、每天浑浑噩噩、得过且过。想象一下，五年后，他们会有什么不同？

的确，尽管只是五年的时间，他们的差距已经显现出来了，前者通过自己的奋斗，已经小有财富，做人办事顺风顺水，事业越做越大、春风得意，而后者，稍微遇到一些问题，便慨叹自己解决不了，每天活在抱怨中，常常为生计、金钱而苦恼。

这两种人，你想做哪种？毫无疑问，当然是第一种！但前提是你要为自己找到一个准确的定位，而不是得过且过。

事实上，任何一个成功者，都是善用时间的高手，他们不允许自己浪费一秒钟的时间，正是抱着珍惜时间的态度去工作，去执行自己的计划，最终他们才能梦想成真。

因此，效率专家建议，如果你觉得现在的工作和生活充满未知数、一片迷茫的话，那么，不妨用用“生命紧迫法”。接下来，你可以按照三个步骤来做：

第一步，写出你的人生目标。

拿出一支笔、几张纸和一只表，你可以将时间限定在十五分钟内。然后，你挑出一张纸，在纸的最上端写下问题：我的人生目标到底是什么？当然，这里的目标，在不同的人生阶段是不同的，所以你可以把人生目标看成自己当前看待人生的方式和视角。

接下来，你可以花上两分钟的时间列出所有的答案，比如，谈一场恋爱、去攀登珠穆朗玛峰、环游世界等，当然，你也可以列出一些在别人看来是幻想的事，毕竟，人有目标和梦想总是好事，你也不需要为这些想法负责。不过，你也应该写下一些具体的目标，比如，为家庭，为社会能作出什么贡献，在经济和精神层面的目标等。

然后你可以多给自己两分钟，对刚才列出的清单进行必要的修改，达到让自己感到满意的水平。

如果仔细反省一下现在的生活模式，你或许能增添一两条内容，比如，你在工作之外还有大把的业余时间，如果拿来为自己充电的话，是不是对未来的职业前景更有帮助？

第二步：将目标时限缩短，想一想：接下来的三年，你如何度过？

在第一步中，你写的那些目标，可能是空泛的、没有实际意义的，比如，“获得幸福”“取得成功”“有所成就”“赢得爱情”“为社会作些贡献”等。在列出这些目标之后，你可以再对自己提问：我将如何度过以后五年时间？这里，如果你的年龄已经超过30岁的话，建议你把“五年”改成“三年”。此时，你是不是觉得奋斗的时间更少了，是否会产一种紧迫感？

同样，先给自己两分钟时间，尽量列出所有可能的答案，然后再给自己两分钟，对已经给出的答案进行补充。

第三步：现在，考虑这个问题：如果把时间缩短至六个月呢？

现在你可以从一个不同的角度写下第三个问题：如果得了重病，只剩下半年的时间了，那么，这六个月你又该怎么安排？

此时，想必你一定希望完成最重要的事。不过，在列出清单之前，你要尽量让自己相信所有与死亡相关的问题都已经得到了解决。你已经签完了自己的遗嘱，为自己选好了墓地等。在回答这个问题的时候，你所有的答案都应当集中在这六个月当中。

这个问题的目的在于帮助你找出那些对你非常重要，而你现在并没有着手去做的事情，或者是那些你应当在今后六个月里关注的事情。你可以继续像现在这样生活；或者，如果你足够富有，你可以辞掉现在的工作，用自己的积蓄过完今后的六个月。你会怎么做呢？在两分钟时间里尽快写出答案，然后再用两分钟时间修改你的答案。如果你到现在还没动手，我建议你立即开始，从第一个问题开始。这是一项重要的练习，它将会让你受益无穷。

节省时间，相当于延长了生命

对于任何人而言，时间都是最宝贵的财富，因为每个人的生命都是有限的。一个人，即使理想再怎么远大，如果没有时间去真正实践，理想就也会变成空想。因而，我们要想让人生变得充实而有意义，就必须努力提高效率，用有限的时间完成更多重要的事情，这样才能离成功更近一步。生活中，总有些人对时间抱着漫不经心的态度，这样的人很难获得成功。举个最简单的例子，对于一个与时间赛跑的人而言，一天也许是28个小时，但是对于磨磨蹭蹭浪费时间的人而言，一天也许只有20个小时。试想，后者在一天的时间里就比成功的人落后了八个小时，又如何能够真正获得成功呢！只怕在他的磨蹭之中，成功会渐行渐远，直至看不到任何踪迹。

尤其是现代职场，无数职场人士每天行色匆匆，忙忙碌碌，时间真正变成了转瞬即逝的生命，变成了切实可见的成就，因而职场人士更要珍惜时间。从某个角度来说，抓住了时间就等于抓住了成功的无限机遇，抓住了时间就等于抓住了短暂的人生。如果不能合理有效地利用时间，一个人即使能力再强，也无法脱颖而出，得到成功的青睐。早在初中时期，我们就曾经学过关于统筹的科学方法。其实，在我们的一生之中，不管是生活还是工作，都可以使用统筹的方法。当我们学会了节省时间，我们也就相当于提高了时间的效率，延长了我们有限的生命。

作为一家正在发展中的公司的老板，嘉熙每天下午都能做到准时下班，像一个朝九晚五的上班族一样，利用工作以外的时间陪伴老婆和孩子。很多人都不清楚嘉熙是如何做到这一点的，因为大多数和嘉熙一样的创业者，几乎每天都有忙不完的事情，也都有对付不完的应酬。对此，嘉熙说："一个人不能成为时间的主人，就会变成时间的奴隶，被时间驱使。至于应酬，完全可以安排在下午茶或者午餐时段，不必占用宝贵的家庭时间。"

当然，创业者到底是忙碌的，因而嘉熙选择每天清晨早起两个小时，用来弥补工作时间的不足。他每天都会在清晨六点钟准时到达办公室，在其他同事还没来的两个小时里，看看报纸，整理思路，分清一天工作内容的主次，从而统筹进行。例如，如果他当天需要开会，那么他会在刚上班时安排秘书琳达为他准备会议资料，然后他就可以去忙当务之急的事情。中午吃饭，他通常会安排与客户见面，一起用餐。这样，很多大事就在餐桌上与客户敲定了。有的时候没有客户需要见面，他还会邀请某位下属与他一起用餐，聊聊工作或者生活，顺便给下属做做思想工作，激励下属再接再厉。就这样，他几乎整个白天都在工作，不管是吃饭喝茶还是喝咖啡，从未闲着片刻。等到下午六点钟下班时，他和每一位辛苦工作一天的下属一样，都有一种如释重负的感觉：终于可以全心全意地放松和回家了。让人奇怪的是，嘉熙这样的安排非但没有影响工作，反而使他整个人都神清气爽，把工作安排得井井有条，效率也提高了很多。

在这个事例中，嘉熙之所以与大多数创业者的忙碌完全不同，就是因为他很清楚时间的利用之法。他知道要想家庭与事业兼顾就必须提早起床工作，也知道不能为了忙于事业而忽略家庭，因而总是准时下班，回家陪伴妻子和孩子。由此一来，他成了真正的人生赢家，得到了别人梦寐以求的一切。

对于任何人而言，浪费时间就是浪费生命。因而，不管我们是创业者，还是最基层的小职员，抑或是公司的中高层管理人员，都必须树立正确的时间观念，学会统筹和合理地利用时间。唯有如此，我们才能提高时间的利用率，在与时间的赛跑中赢得先机，更快地接近成功。很多情况下，我们只有未雨绸缪，提前规划，才不会被时间驱赶着往前奔跑。想一想，当你淡定从容地走在时间的前面时，那是怎样一种美妙的体验啊！

时间对于任何人都是公平的，不管我们以怎样的姿态生活，它都嘀嘀嗒嗒永不停歇地往前走去。要想提高时间利用率，我们必须提前做好预案。唯有如此，我们才能从容不迫地成为时间的领跑者，而不是手忙脚乱地追逐时间的脚步。从现在开始，让我们珍惜时间吧。生命有限，珍惜生命才能让我们更从容地享受生命！

拥有可用的人脉资源，工作时你将会事半功倍

好莱坞最流行的一句话是："成功，不在于你知道什么或做什么，而在于你认识谁。"这句话适用于每一个人。如果想成为一个成功的人，想要拥有优质的生活，你就要做个智慧的人，千万别忘了帮助成功者的力量之源——人脉，与人相处的本领是最强大的本领。拥有良好的人脉关系，是你通向成功的一条捷径。

美国成功学大师卡耐基说："专业知识在一个人的成功中的作用只占15%，而其余的85%则取决于人际关系。无论你从事什么职业，学会处理人际关系，能够掌握并拥有丰厚的人脉资源，你就在成功路上走了85%的路程，在个人幸福的路上走了99%的路程了。"因此，聪明的人，在工作中，如果你懂得挖掘人脉，那么，运行工作时你将会事半功倍。

方女士经营着一家织布厂，这些纺织品主要用于出口，很少内销。在2000年的时候，这家织布厂还只有十几个工人，生意冷清，但事情很快发生了转变。

有一次，一个越南客商要从这家纺织厂购进价值五万元的布匹，方女士按照对方的要求把这批布匹包装好，并准备运送码头发货。但正在这时，这个越南客商突然打来电话请求退货，原因是该客商对当地市场估计错误，这批货到越南后将很难销售。

厂里很多干部劝方女士，既然对方这么毫无信用，大可一口拒绝对方，反正合同都已经签了。但是，经过两天的考虑。方女士决定答应对方的退货请求，因为对方答应支付包装、运输等一切费用，这批布匹是外贸产品，在国内市场同样也可以销售出去，所以方女士等于没有什么损失，也就不必会为难这位越南客商，而最大的好处是她这样做等于帮助了对方，有助于双方建立良好的合作关系。

果然，这位越南客商很感激方女士，并表示以后在同类产品中将优先考虑方女士的产品，他还不断向自己的朋友夸奖方女士，为方女士介绍了很多的生意。就这样，在不到两年的时间内，方女士的纺织产品风靡越南，她的生意也越做越大。

后来，方女士常说，“眼睛只盯着钱的人做不成大买卖。买卖中也有人情在，抓住了这个人情，买卖也就成功了一半。”

本案例中的这位方女士是非常聪明的，她清楚地认识到人脉对生意的重要性。如果当时她拒绝了越南客商的退货请求，那么，虽然她做成了一笔小生意，却会失去这个客户，包括后来客户推荐的很多新客户；答应退货要求，虽然表面上吃了点亏，但她交到了一个朋友，孰轻孰重，明眼人一看就知道了。

可见，人脉可以定夺个人与事业的江山；人脉可以增强自己事业的合纵连横；人脉可以截长补短、互通有无；人脉可以养兵千日，用于一时；人脉可以见贤思齐，见不贤而内自省……人脉可以铸就“振臂一挥，应者云集”的“大成”人生。想成就一番事业的人，必须明白发展人脉有以下五大秘诀。

1. 人脉资源要以职业、事业的发展为第一考量

2. 人脉资源要兼顾物质、精神与生活的需要

对于这两点，我们要兼顾，不能只顾事业的发展或者物质财富，有些人虽然对你的工作、事业没有帮助，但总是能在困惑时帮你打开心扉，这样的人，你也应该珍惜。

另外，你不能因为对方不能为你带来名利就疏远对方。有些朋友，虽然他们性格粗糙、不拘小节，却真心为人，真心待你，他们会成为你成长的一面镜子。你还应该有一两个善于倾听的伙伴，他们是你倾诉的对象，成功时他们与你一起分享，挫折时他们与你一起分忧。你甚至应该有几个“损友”，虽然看上去他们总是“与你为敌”，可一旦你需要帮助，他们总是挺身而出。

3. 拜冷庙、烧冷灶，交落难英雄

4. 友情投资宜走长线

友谊之花，须经年累月培养，做人做事不可急功近利。那些善于放长线的人，才能钓大鱼。你若希望获得一个四通八达的人脉，那么，你需要在日常生活中就进行浇灌、维护。为此，你最好将人脉资源的经营管理纳入到你长期和短期的职业、人生规划中，逐步养成经营人脉的习惯。

5. 亮出你的价值

现代社会，每个人都希望能结交比自己更优秀、成功的人。如果你想结交更多的朋友，就要展现出你自己的价值，展现出你身上独特的魅力，用你的思想与智慧去赢得人心。告诉别人你能为他带来什么价值非常重要。

人的魅力并不是外表带来的，而是智慧与内在的显现。智者懂得编织好自己的人际关系网，他们会在平时不断地积累，时刻吸收新鲜的资讯，多读书、读好书，充实自己的头脑，让自己在不同的人面前展示出不同的才华，也因为如此，他们的人脉资源越来越宽，越来越广，越来越立体，他们离成功也越来越近！

第07章

找到技巧规律：灵活借势取得更好成效

展现优点，让别人了解你的优点

人与人之间友谊的建立需要经过一个长期的过程。不过，我们应该明白，要想让交往进行下去，首先应该让对方对自己有一个正面的认识。受人重视，是我们在交际场合中取胜的砝码。要想让别人重视自己，我们不仅需要注重自己的仪表和服装，还要注意在交谈的时候适当地展现一下自己的优点。只有让对方了解了你的优点，才有可能激发起他们对你的兴趣，产生继续和你交往的欲望，最终让萍水相逢的人发展成亲密无间的朋友。

交友当然需要日久见人心，不过，我们应该为日久打下一个坚实的基础，创建一个良好的条件。适当地展现一下自己的优点，是和人进行长期交往必要的铺垫和前提。

何芳和张宁是在公司举行的新年聚会上认识的。当时，两个人在大厅的一角安静地坐着。为了摆脱尴尬，何芳便谈论起了酒店里的艺术品，并且征求张宁的意见。两个人相互表达了自己的看法，并各自介绍自己的兴趣和爱好。张宁对何芳解释说，他实际上是一个职业的画家，每个周末在工作室里静静地画画是十分快乐的。何芳感到很有兴趣，就问张宁从事哪方面的艺术研究和创作，以及这种艺术的发展前景如何等。张宁又解释说，真正热爱艺术的人并不把艺术当成职业，他曾经办过几次画展，也卖出过几件作品，但是从没想过靠这个来赚钱。

张宁先是从何芳那里了解了对方的兴趣爱好，接着就很自然地告诉她自己的一些情况，从容的谈吐显得自信而又十分有魅力，也逐渐地展现出了自己的优点：在艺术方面有着一定的造诣。何芳发现，在她谈论艺术品的时候，张宁并没有为了显示自己的艺术才华而打断她的谈话，而是静静地听着，这显示出他为人低调谦和的优点。在谈话结束的时候，何芳觉得张宁有着很多值得欣赏的地方，对他也有了想进一步了解的兴趣。

在交友的问题上，许多人都信奉“无友不如己者”的格言。俗话说“物以类聚人以群分”，我们每一个人都愿意与有成就的人多接触，借以提升自己的事业、精神和品位，没有人愿意和没有志向的人成为朋友，因为那样只能让自己更加堕落。

当我们和一个素昧平生的人相识，在介绍自己的时候，没有必要为了表现谦虚而把自己说得一文不值。我们不主张言过其实的浮夸，但这并不意味着反对适当表现一下自己，体现一下自己的优点。适当表现，不仅能让自己产生自信，更重要的是能加重自己在对方心中的分量，从而使他人愿意主动地和你进行交谈和交往。

我们在向别人进行自我介绍的时候，可以少一些炫耀，但要多一分自信，用积极肯定的语气来描述自己。比如，“我在电视台工作，做的是新闻节目。平常我比较喜欢打球、登山和划船，并且喜欢听古典音乐。”这样朴实而又有自信的话能够让别人对你产生一个比较深刻的印象，接下来就会很自然地有人来和你握手寒暄递名片。假如你在任何情况下都沉默寡言，把低调、内敛、谦虚当成座右铭，那么，最终你也将会被别人忽视。

王眉艳上学的时候精通琴棋书画，在写作上更是有着很深的造诣，是学校有名的才女。大学毕业之后，她被学校推荐到一家杂志社做了编辑。但是，仅仅半年之后，她就被公司炒了鱿鱼。

原来，公司每周都要召开一个例会，策划下期杂志的选题和内容。这是一个展示自己才华的机会，因此同事们对它都非常重视，纷纷在会上发表自己的观点和想法。只有王眉艳默默地坐在一边一言不发。这倒不是因为她没有自己的创意，而是因为她觉得初来乍到就发表意见会显得妄自尊大，给人一种锋芒毕露的张扬印象；再者，冒冒失失地说出自己的思路很可能不适合主编的兴趣爱好，被人看成幼稚的黄毛丫头。因此，在例会上，当别人一次次争辩的时候，她完全成了局外人。直到有一天，她发现自己成了被同事们遗忘的一分子，她想改变被冷落的局面，但是为时已晚，同事们早已视她如无物，在所有人的心目中，她只是一个摆设而已。最终，在公司裁员时，她由于过分沉默而失去了这份得之不易的工作。

在职场上过于低调会让自己失去发展的机会，在交际场合同样如此。如果表现得过于谦虚谨慎，很容易让人看轻。一个人如果不懂得珍惜机会，不愿意去表现自己的优点和特长，那么，无论是在职场还是在交际圈中，他都将永远扮演失败者的角色。

我们固然讨厌那种骄傲自大华而不实的性格，但是也要摒弃过度谦虚的为人处世态度。我们应该明白，谦虚可以用在学习中，却不能用在交际场合里。我们如果表现得过于谦虚，往往容易减轻自己在别人心中的分量。因此，在和别人的交往中，我们应该适当地进行自夸，从而给自己提供一个更好的平台。

工作汇报，报忧报喜有技巧

作为下属，我们会经常向领导汇报工作，在汇报工作时，对于工作中出现的成绩和缺点怎么处理呢？是报喜不报忧，还是报忧不报喜？其实，工作中的报喜报忧是有技巧的，我们不能避重就轻，而要正确认识和处理“报喜”和“报忧”的关系，这对于上下级之间提高信息质量、增强信息有效性有着重要的作用。对下属而言，就是要有喜报喜，有忧报忧，及时将工作中的成绩和问题提供给领导，这是下属的一项重要工作。毫无疑问，无论做哪项工作，必然会产生这样或那样的困难和问题，必然会有许多不尽人意的地方；同时，在工作进展过程中会突发一些意想不到的问题，而准确、及时地将这些信息提供给领导，就是下属义不容辞的责任。报喜报忧是汇报工作的两个方面，都是重中之重，实际上，对于领导来说，报忧比报喜具有更重要的意义。提出这样的看法，并不是让下属只报忧不报喜，而是希望大家明白，真的有问题出现的时候，报忧这个环节是不能忽视的。

下属在汇报工作时，要敢于报喜中之忧。报忧是很重要的，尤其是在工作比较顺利的时候，往往会出现一片叫好声，很容易让所有的人头脑发热。在这样的情况下，就要注意不可隐瞒喜讯背后的问题和矛盾，下属应及时准确地向领导反映真实情况和问题，以免小忧变大忧，引发更严重的问题和矛盾。当然，下属也要善于报忧中之喜，这里所说的“忧中之喜”有两层含义：一是忧中找喜，向领导报忧，并不是为了报忧而报忧，其目的是发现问题，解决问题。这需要我们善于发现问题以及较好的解决方法，帮助领导注意困难和问题，同时找到解决问题的办法。二就是需要转忧为喜，一些值得忧虑的情况汇报之后，引起了领导的重视，提出了解决问题的意见，在协助其他部门解决问题的同时，对于那些有指导性的问题和意见，还需要及时提供给其他部门，引起大家的警觉。这样可以避免很多问题的发生，所以，虽然是报忧，却是一件值得高兴的事情。

王主任在工作中一直秉承着“报喜不报忧”的原则，在过去，他也曾报喜又报忧，但是，在报喜的时候，领导就会眉开眼笑；到了报忧的时候，领导就会横挑鼻子竖挑眼。这个场面见多了，王主任就总结出了经验：一定不能报忧，而只能报喜。同时，在王主任看来，如果自己总是报喜，那不就证明自己工作做得好吗？这样一来，受到领导的提拔是早晚的事情。

没想到，前不久王主任却因为自己引以为豪的原则而坏了事。最近，前任领导下马了，调来了新的领导，虽说换了领导，但王主任倡导的原则还是没变。他三天两头往办公室里跑，所汇报的都是工作中的成绩：“从上个季度的报表来看，业绩简直是直线上升啊”“这次多亏了部门的各位同事，将工作完成得非常漂亮”……汇报次数多了，新的领导也疑惑了，忍不住问道：“王主任，咱们公司就没有什么问题出现吗？你跟我汇报的可尽是成绩，可我怎么听说，去年一年的时间，咱们公司就亏损了几百万呢？”王主任支支吾吾：“这，这，这，我也不知道怎么回事啊……”

新来的领导看出了端倪，马上成立了一个小组，将公司所有的财务报表整理出来，赫然发现，在报表上每次出现的尽是亏损，而王主任却虚报说业绩直线上升。事实俱在，王主任也不好说什么，最后只好灰溜溜地卷铺盖走人了。

在工作中，诸如王主任这样的“报喜不报忧”的现象不在少数，下属在向领导汇报工作时，在罗列成绩就大加手笔、浓墨重彩，而谈到缺点就避重就轻、极力粉饰。有的下属是为了向领导“投好”只报喜不报忧；有的则是因为面子思想，为维护自身的形象，对问题遮遮捂捂，想让大事化小，小事化了，结果却给工作带来了很大的阻碍。

对于下属来说，要喜忧兼报，当然，并不是每次汇报工作都是有喜有忧，这里要强调的是，在报告重大问题的时候，一定要注意全面、准确，如实地客观反映事物的全貌，千万不能以偏概全，凡事绝对化。简单地说，就是既要报告工作的成绩，也需要揭示出其中的问题和矛盾。在反映成绩的时候，不要忽视其问题的存在；在反映问题的时候，也要防止全盘否定。这样比较系统、全面地反映，既反映了喜，也反映了忧，就能让领导对于情况有个全面的了解，可以有效地把握政策上的“度”。

注重汇报技巧，给领导留下能干印象

或许，许多下属并不知道，向领导汇报工作也是需要注意技巧的。巧妙地汇报工作，会让领导觉得你很能干。在汇报内容方面，应主要汇报领导关心的工作。领导的时间是有限的，许多你能力范围之内可以处理的琐碎事情、程序既定的工作，能够自行处理就自己处理了。如果你“事无巨细”，每件事情都汇报，就会有邀功之嫌。下属们应该记住：汇报工作最重要的是提出解决问题的方案，而不是简单地提出问题。换而言之，汇报问题的实质是求得领导对你的方案的批准，而不是问你的领导如何解决这个问题，如果每件事都需要领导拿主意，那下属的存在还有什么意义呢？下属去找领导汇报工作需要准备不同的方案，并将这些方案记下来，必要时向领导阐述清楚，并提出自己的看法，然后领导批准你的主张，这就是汇报工作的基本套路。在职场中，如果你总是作这样的汇报，那估计你离升职加薪就不远了。

当然，汇报工作也是需要选择时机的，尽量给领导建立一个自己会定期汇报的预期，这样会使汇报程序化，减少突兀感。一个成功的下属必然是一个善于汇报工作的人，因为在汇报工作中，他能得到领导及时的指导和帮助，从而与领导建立起牢固的信任关系。在汇报工作时，需要明确目的，也就是这次汇报需要达到什么样的目的，如果你解决了这个问题，那你的汇报工作就成功了一大半。有的下属之所以汇报失败，关键在于其目的不够明确，所准备的资料很杂乱，让领导听了半天也不知道他在说什么。对此，下属应该考虑：所汇报的内容与当前中心工作的关系是什么？领导平时听取汇报的习惯是什么？怎么样才能让领导听后给出肯定的评价，留下好的印象？

在公司周一例会上，张经理向上级领导汇报工作。

“我需要向您汇报几件事情：第一个是公司最近人员变动情况。最近公司人员变动比较频繁，生产车间走了6个人，电工走了2个，机修工走了3个，行车工走了2个，包装工走了2个，仓储走了2个，财务部的会计小黄最近也有离职倾向。这是公司员工离职的情况。

“第二个事是绩效考核的事情。上个月的绩效考核结果已经出来了，汇总表已经做出来了。总体来看，上个月的考核结果不理想，大家打分都没有拉开差距，最多也就差5分。各部门经理在对待考核工作的态度上也有问题，只是把人力资源部下发的表格填满了，却没有真正履行辅导的职责，没有帮助员工进一步认识绩效考核指标的内涵，也没有投入更多的精力帮助员工提升技能水平。这些问题的存在，会影响公司绩效考核工作的推进，时间久了怕又流于形式了，跟您汇报一下，希望您能抽时间关注这个问题。

“第三个事情是本月的培训工作。前段时间您安排我找几家培训机构给经理层做培训，我已经找了几家，也列了一些培训科目，请您过目。”

领导回答说："看来你们部门最近的工作还是挺忙的，我有几个问题想问你——你说的第一件事情是员工离职问题，我想问你，为什么最近一段时间员工离职率会这样高？什么原因？"

对于张经理的工作汇报情况，领导是这样评价的："他只知道抓具体工作，没有总的工作方向，我说什么，他就做什么，属于一拨一动的那种。每次汇报工作时，我告诉他要给我结果，但他总是跟我陈述事实，始终不能提出有效的解决问题的思路。最让我不能忍受的是，每次汇报工作都说一大堆，没有重点，我也搞不清楚他想表达什么。"如果你再回过头来看看张经理汇报工作的内容，你会发现领导的评价是恰当的。

在汇报工作时，你需要针对汇报工作的主体和目的展开说话，需要搞清楚领导最重视什么、最想听什么，围绕这个组织语言才能激发出领导的兴趣。除此之外，你还需要了解领导的思维特点和语言风格，让你汇报工作的语言与思维更贴近领导。

倾听过程中及时给予领导反馈

倾听是构成有效沟通的必要部分，它能帮助沟通双方达成思想一致和感情通畅。而在倾听过程中，回馈则是必要的构成部分，这些反馈包括适当的眼神交流，适时提问，等等。当然，这些在倾听过程中所作出的回馈应该是及时的，而不是等领导说完了半天，你才给出一个反应，这时领导已经不那么在乎你的回馈，如此，你的回馈自然也是毫无价值的，甚至会让领导觉得你根本没认真倾听自己说话，导致其心中产生一种不快之感。对此，作为下属，当你在倾听领导说话的时候，不管给予什么样的回馈，你都需要及时，若大半天才反应过来，估计领导对你的反馈早已经不感兴趣了。

这天中午，主任饶有兴致地给大家讲了一个笑话，平日里主任是不善言谈的，正因为如此，他在进行语言表达时缺少灵活性和形象性，所以，直到他把笑话讲完了，下属们还是在那里面面相觑，似乎没听懂笑话的实质。顿时，那位主任讪讪地笑了，脸色有些尴尬。

过了一会儿，有位下属突然明白过来，哈哈大笑了起来，一边笑着一边说："主任，你讲的笑话确实有点冷，我现在才想清楚。"主任回答说："是吗？"不过他的注意力好像并不在这件事情上，那位下属还想继续说下去，但看见主任的神色后，识趣地闭上了嘴巴。

通常情况下，当我们饱含热情地说一件事或谈论一个人的时候，特别希望倾听者能够及时给予回应，从而让我们感觉不是一个人在唱独角戏。比如，你说完了一个笑话，却发现周围的人面面相觑，大半天也不笑，这时作为说话者的自己肯定会觉得百般无趣，即便是最后有的人反应过来了，干笑了两声，你也已经丧失了那种期待的心情，因而他们的反应对于你来说是可有可无的。其实，听领导说话也是一样的道理，所谓过期不候，下属的反馈一定得及时，否则反馈将无任何价值。

这天酒会上，王总喝了几杯酒，兴致勃勃地说起了自己当年创业的故事："那时我跟你们一样，刚刚大学毕业，不过，那时候大学生没现在这样多，所以我的优势还是有的。"这时坐在旁边的新来的职员小李回答说："是啊，那时候大学生的身份可金贵多了，哪像现在遍地都是，大学生根本没什么优势可言。"王总端起酒杯喝了一两口，说道："就是，所以我那时候面临的机会也很多，许多大公司都邀请我去上班，但是我都拒绝了，我想自己创业，正好我家里还有一些积蓄，于是，我邀请了几个大学同学，商量了几天，最后做出了一个方案，那时候人很年轻，做任何事情都带着疯狂的狠劲。"新职员小李笑着点点头，表示相当认同。

王总继续说："后来我们几个人南下，怀揣着希望，开始了我们的创业生涯，其实事情发展远远没有想象中那么顺利，跟你们现在一样，我们把这个社会想象得太美好了。因此，在最初我们也栽过跟头，摔过跤，但我们不服输……"小李时而微笑，时而随着王总所说的内容皱眉，王总每说一句话，小李几乎都会及时回馈信息。相应地，看到小李如此专注地听自己说话，王总更是越说越有兴致。

新来的职员小李所给予的及时回馈，表现在王总每说一件事情，他几乎都会及时地给出回应，或是附和领导的观点，或是点头同意，或是微笑，或是皱眉，表示对当时的情况也很焦急。这样及时的反馈，会让说话者感觉到倾听者的认真以及期待，于是，说话者更有兴趣继续说下去，而彼此之间的距离也会越来越近。

在倾听过程中会有反馈效应，也就是向说话者反馈自己的尊重与关注会让说话者感到自己的话在他人心里很重要，这会在一定程度上起到正性强化作用。心理学家通过大量研究发现，每个人都喜欢和认真倾听自己的人沟通。在倾听领导说话的过程中，及时地反馈能激励对方继续说下去，对说话者本身有着极大的鼓舞。

用正确的方式去做正确的事

有这样一个笑话：有几个砍伐矮灌木的工人，接到一个任务，去清除一片矮灌木。他们走进一片灌木后，便开始清除。当他们费尽千辛万苦，好不容易清除完这一片灌木林，直起腰来，准备享受一下完成一项艰苦工作后的乐趣时，却猛然发现，他们需要清除的不是这片，而是旁边那片灌木。现实中，我们有多少人在工作中如同这些砍伐矮灌木的工人一样，只会埋头砍伐矮灌木，到最后才发现需要砍的并不是这片。

现代管理大师彼得·德鲁克曾说过："管理是一种实践，其本质不在于'知'，而在于'行'；其验证不在于逻辑，而在于成果；不但要正确地做事，更要做正确的事。"著名企业家马云在《赢在中国》中也曾这样告诫过我们："首先是要做正确的事，然后才是正确地做事。如果做了错误的事情，越是正确地去做，那么死亡得越快。"我们在做事之前，得先明白做事的步骤，只有这样我们才能把事情做好。首先是做正确的事，其次是正确地做事，最后才是把事做正确。只有经过了这三步的"浪里淘沙"后，我们才会成为沙砾中闪耀的金子。

某知名公司招聘一名维修部主管，在经过几轮筛选之后，应聘人数从几十人淘汰至只剩最后两人，他们分别是小王和小赵。

最后一轮考核，总经理亲自出场，给了他们每人一部残旧不堪的坏机器，然后叫他们修理。

小王把机器拆开，仔细地检查内部的每个零件，不一会儿，他皱起了眉头。总经理看了笑着问："可以修好吗？"小王犹豫了片刻，自信地说："只要功夫深，铁棒也能磨成针，我一定会把它修好的。”

总经理又看了看小赵这边，他也是先把机器拆了个“粉碎”，仔细地检查过后，皱起了眉头。总经理又问：“可以修好吗？”小赵无奈地笑了笑，说道：“很抱歉，这机器实在是修不好。”

最后结果让大家都大吃一惊——小赵被选中了。小王不解地望着总经理，想知道理由。总经理笑了笑：“原因很简单，因为这两部机器是无法修好的，无论你下的功夫多深，也是修不好的。”

当我们做事的时候，如果我们还未确定事情是否正确就开始做，那么，即使我们用正确的方式去做，结果也可能越来越偏离我们的目的。“先做正确的事，再去正确地做事”是每一个人能够胜任工作的最基本前提，无论你是高层、中基层管理者，还是普通员工。

无奈的是，在现实中，这样的情境或许正在某个部门内上演：员工们正机械地奔跑在各自的航道上，忙碌着企业既定的任务，等待着监督和检查。但目标是否正确，如何才能最快地抵达终点，他们并不清楚。

这样的法则也许正在很多公司中得到印证：10%的人在做正确的事并且能够正确地做事；55%的人在做正确的事但并没有做到正确地做事；25%的人在正确地做事但并没有实现做正

确的事；10%的人既没有做正确的事也没有正确地做事。严格地说，是后一种人是在为别人制造工作，进行的是负效劳动。用正确的方法做正确的事，才是我们要达到的目标。用错误的方法做正确的事，事倍功半；用正确的方法做着错误的事，是在做无用功；用错误的方法做错误的事，可说是无可救药了。

做正确的事就好比射击前的瞄准，正确地做事就是瞄准后再射击。没有瞄准的射击是没有意义的。

管理大师彼得·德鲁克曾在《有效的主管》一书中指出："效率是指'以正确的方式做事'，而效能强调的则是'做正确的事'。效率和效能二者都不可偏废，但这也并不意味着它们具有同样的重要性。我们当然希望同时提高效率和效能，但在效率与效能无法兼得时，我们首先应立足于效能，然后去设法提高效率。"

在这里，彼得·德鲁克提出了两个概念：效率和效能，分别对应的是正确地做事和做正确的事。在现实生活中，人们关注的重点往往都在于前者：效率和正确做事。但实际上，最重要的是效能而非效率，也就是做正确的事而非正确做事。正如彼得·德鲁克所说："对企业而言，不可缺少的是效能，而非效率。"

"正确地做事"与"做正确的事"有着本质的区别。"正确地做事"应该是以"做正确的事"为前提的，如果做不到这一点，那么“正确地做事”将变得毫无意义，即使你将事情做得再正确，也是没有任何实际效能的。所以，首先，要保证去做正确的事，然后才存在“正确地做事”的问题。

在一个生产型企业里，员工在生产车间按照质量标准的要求生产产品，如果产品质量、操作行为都达到了规定的标准，说明员工是在正确地做事。但是如果这个产品在设计上本身就存在很大缺陷，根本无法投放市场，或者它根本就没有买主，没有用户，那么，这就不是在做正确的事。在这种情况下，无论员工做事的方式方法多么正确，其结果都等于零。

在最有精力的时段做最重要的事

微软亚洲研究院院长兼首席科学家张亚勤在接受访问时说，他个人保持头脑清醒、增强创造能力的方法是，不管多繁忙，都坚持将每天下午1点半到4点半这3个小时的“脑筋自由时间”用于思考、阅读及写作，他的秘书从不在这时候帮他接进任何电话。

台湾经营之父王永庆，每天晚上9点半睡觉，午夜12点半起床，一直到清晨6点再回去补觉。每天深夜到清晨这段时间，他完全用于决策、阅读与思考。

上面两个例子说明，许多成功的人物都有一种特殊的时间安排计划，我们称之为“最佳工作时间点”。事实上，每个人在一天当中，都有一段特定的时间是精神状态最佳的，大部分成功的人都会找出每天精神状态最好的时段，将这段时间预先保留下来，用于从事最重要、最具挑战性的工作。

所以，从时间管理的观点来看，在最有精力的时段做最重要的事，是提高时间利用效率的秘诀之一。

众所周知，最理想的做事策略，是在精力最佳时间做最重要的事情。

那么，究竟什么时间是我们的最佳时间呢？这在很大程度上取决于我们的用脑特点和习惯。医学家和生理学家对很多人进行了大量的观察和研究，根据其生理活动周期性变化的特点和规律，把人们分为“百灵鸟型”“猫头鹰型”和“混合型”。

“百灵鸟型”的人黎明即起，此时他们往往情绪高涨，思维活跃。这些人喜欢在早晨5点到8点进行最复杂的创造性劳动，如作家姚雪垠、数学家苏景润习惯在凌晨3点投入工作，俄国文豪托尔斯泰、英国小说家司格特也习惯于在早晨写作。

“猫头鹰型”的人则恰恰相反，他们往往是每到夜晚脑细胞便进入兴奋状态，精神饱满，毫无倦意。这些人更乐意在晚上工作，尤其是晚上8点至深夜，他们认为这是“奇思常伴夜色来”的最佳用脑时间。

第三种是“混合型”。这类人全天用脑效率差不多，但相对而言在上午8～10点和下午3～5点左右效率较高。就整个人群来说，混合型人是绝大多数，约占90%。

如果我们把效率高峰点的概念引进我们的生活，充分利用最佳时间做最重要的事，将会收到事半功倍的效果。

在时间的利用上，我们将最佳时间划分为“内在的最佳时间”和“外在的最佳时间”。所谓“内在的最佳时间”是指一天自然的活动时间，如早晨、中午、晚上等；而“外在的最佳时间”则是指与社会、工作相适应的时间，这些都与个人的职务、社会活动、家庭生活等有直接的关系。

“内在的最佳时间”一般以两小时为一个阶段。因此，工作中应该善用这两个小时来发挥自己的潜能。如果最佳时间安排不当，往往会造成工作上的不愉快。

邓女士每天在孩子上学、丈夫上班后，便感到精力充沛。于是，她迅速地整理家务。但是，当完成整理家务后，再想做自己想做的事时，就会感到精力疲乏。这就是她对“内在的最佳时间”的运用不当所致。

很显然，邓女士是属于“混合型”的人。所以，当她感到精力充沛时，应该先完成自己想做的工作，等到疲倦时，再来进行零碎的家务整理，这样的时间安排才比较适当。

相对于“内在的最佳时间”，“外在的最佳时间”的安排似乎更重要且困难得多。但是，只要在事情的处理上能够掌握得好，其实还是很容易的。

例如，对一个推销员来说，他的“外在的最佳时间”是上午8点到下午5点之间。这段时间是人们活动最频繁的时间，也是推销最为有效的时间。如果能善加利用，他的推销业务一定是理想的。

对“外在的最佳时间”的运用安排，必须同时考虑与其他人时间运用的合适度，两方面才能相辅相成。譬如，推销员在“外在的最佳时间”推销时，就应避开别人的休息时间，以免打扰别人。从对方的角度来看，对方也是利用他“外在的最佳时间”和你一起进行工作。

一位公司的员工发现他的上司平常很少外出，所以，该员工除了在工作时间内会进入上司的办公室外，其余时间绝不去打扰他。后来两人的关系越来越融洽，而且非常有默契。

与自然界运动具有周期性一样，人的思维、情绪和各器官运转都有严格的时间节拍，人们形象地称之为“生物钟”。它控制着人们的生理活动和精神活动，在日常生活中，人体中大约有40多种生理过程都受生物钟支配，即使长期卧床或者在小黑屋中与世隔绝几个月，生理活动仍照常进行，而且与正常生活的人没有明显差异。

如果根据你的“生物钟”确定好你的最佳时间，然后安排工作，而不是跟它作对，那么，你就能够干得更多，并以较少的时间、较少的体力耗费和较小的工作强度取得最大的效率，而且不会那么快就感到累，精神集中力会更持久、更强大，这样，失误率也将降低。

在美国曾经流传过这么一个笑话：第二次世界大战中，如果罗斯福和丘吉尔二人的节奏一致的话，日本人可能败得更早。为什么呢?

因为罗斯福是典型的“百灵鸟型”。“二战”时，他每一想到有关攻击日本的好构想时，马上用国际电话把尚在酣睡中的丘吉尔叫醒，但这位刚睡着就被吵醒的英国首相，还在睡眼朦胧中，无法灵活运转犀利的头脑；反之，在夜深人静才能发挥高度智慧的“猫头鹰型”的丘吉尔，一有了好的构想，也常常突然把罗斯福从温暖的睡床上叫起来……如果“百灵鸟型”和“猫头鹰型”能趋于一致的话，这两位巨头的工作效率不知要提高多少倍。难怪有人说日本的投降可能最少会提早半年!

此事是否属实，尚待考证。但如果能根据同僚和部属们的最佳时间来安排工作，的确能够达到事半功倍的效果。

第08章 打破固守思维：有创新才能破残局获成功

有创造力才能斩获新天地

我们发现，古今中外，举凡成功者，大都具有一些共同的特质：他们积极主动，富有创造力。而当今社会，一切竞争都可以归结为头脑的竞争，因为头脑能催生出创意，创意能催生出财富，能从根本上决定成功与失败。因此，生活中的人们，如果你希望获得进步，希望在未来有一番成就，那么，从现在起，你就要重视思维能力的培养。

有专家认为，现代社会充满竞争，而要想在竞争中脱颖而出，就必须要有创新意识和创新能力，只有创意才能开拓崭新的事业，创造出一番新天地，斩获巨大的财富。日本麦当劳董事长滕田田说过一句名言：“从今天起，强迫自己每天想一个创意，你将不难发现，到处都有赚钱的机会。”

生活中的人们，你是否想到过，天天在饭桌上见到的猪肉，竟然是一个高达万亿规模的市场。谁又会想到，把猪肉卖到28元一斤的高价，反而有人排队来买。在已经来临的消费升级时代，如何创新商业模式才能摸到市场脉博？这一切，曾为北大高材生的陈生做到了。

12月19日，南方日报社携手中山大学岭南学院MBA中心，在中山大学打造了第一次财富案例管理沙龙并邀请到广东天地食品集团总裁、董事长陈生，他亲自走到中大岭院MBA课堂中，口述“壹号土猪”这一消费升级时代的经典商业案例。现场同时邀请了国内著名企业管理专家、中大岭院邹建华教授、博导，市场学专家、中大岭院刘芳副教授和正略钧策合伙人、副总裁唐平华现场对案例进行点评，与MBA学生进行互动。

陈生，广东天地食品集团总裁、董事长，北京大学经济学学士，清华大学EMBA，曾任职于广州市委办公厅和湛江市经委，先后创办湛江市新光辉房地产开发有限公司、广东龙虎豹酒业有限公司、广东天地壹号饮料有限公司、茅台镇老伙记酒业有限公司、广东天地食品有限公司，资产和年销售额达数亿元。

此前，北京大学毕业生陆步轩当屠夫的新闻曾一度传遍大江南北，并引发了人们关于此行为是否浪费人才的大讨论。如今，另一位北大才子陈生也悄悄进入养猪行业，并在不到两年的时间里在广州开设了近100家猪肉连锁店，营业额达到2个亿，被人称为广州“猪肉大王”。这回人们的关注点不再是北大学生该不该卖猪肉，而是探究陈生在猪肉行业掀起的这场“变法革命”。

与众不同的一个想法，就能带来惊人的财富，这就是创意的作用。不仅北大人，我们熟悉的财富故事中，这样的例子可以有很多，读起来也让人颇受启发。

20世纪50年代，欧美兴起塑料花热，他迅速投资生产塑料花；60年代后期，香港经济起飞，地价开始跃升，他迅速投资购买大量土地；70年代后期，香港股市热得烫手，他迅速投资股市炒作，毫不手软。他就是李嘉诚。

了解李嘉诚的人都知道，这一次次的投资，每一次都伴随着不小的风险，但李嘉诚最终获得了成功。这其中的原因之一就是李嘉诚能及时把握政策，看清时势，果断投资。洛克说过：一个理性的动物，就应该有充分的果断和勇气，凡是自己应做的事，不应因里面有危险就退缩。

生活中的人们，在赞叹北大人、李嘉诚的成功之时，你也应该受到启发。如果我们细细揣摩一下这些成功者的操作，我们会发现它们看上去都很冒险，似乎有些不可思议，但其实这些都是表面现象。就拿投资而言，其实，在这些成功案例的背后，是成功者以其精准的眼光看到了投资标的潜在的巨大价值，而正是潜在的巨大价值才使得他们敢于在看似危险的时候果断出手。

曾有这样一个故事：

出生在贫民窟的狄奥力·菲勒是世界著名企业家，他的成功经历不仅是坎坷的，也是传奇的。

小时候，他就已经学会利用动手能力来积累财富，并具备了一定的头脑和发掘商机的意识。比如，有一次，他把一辆从街上捡来的玩具汽车修好，让同学玩，然后向每人收0.5美元。一个星期之内，他赚回的钱足够买一辆新的玩具车。这件事对他感触很深。

成年后的菲勒依然敢想敢做。一次，一艘日本轮船在航行中遇到风暴，船上一吨丝绸被染料浸过，上等的丝绸变成没人要的废品，货主无奈，要把一堆布扔进大海。菲勒得到这个信息，马上找到货主，表示愿意免费把这批废品处理掉，货主非常感激。得到这批布后，他把它们做成了迷彩服装。这笔生意让他赚到十余万美元。

后来，菲勒曾用10万美元买了一块地皮。一年后，新修建的环城路从那块地附近经过。一位开发商用2500万美元从他手中买走了那块地。

菲勒的思维是与众不同的，他有一双发现财富的慧眼，能够“在别人司空见惯的东西上发掘商机”，这是菲勒最可贵的创业资本，也是他成功的秘诀。不过这里，我们更佩服的是他的勇气，那就是敢想并敢做。一个人，即使有再多的想法并信誓旦旦，如果不付诸实施，那也是徒劳。

其实，每个人都有自己的创新意识，有的时候只是处于隐蔽状态，未曾开发出来而已。因此，只要你敢于突破常规、敢想敢干，一样能够突破自我。而这就需要你训练出良好的思维水平。

重视思维能力的培养

犹太人素来富有经济头脑，在经商的过程中，无论他们所做生意的类别是什么，他们都喜欢出奇制胜，也会想尽一切特殊的方法来让生意红火。正是这些创新的方法，让犹太人赚取了令人艳羡的财富。

犹太人洛克菲勒曾经说过这样一句话："要取得今天的成功，就要在教育与努力之外再加上这些要素——有创造性的、想象力丰富的心灵。"这句话告诉我们创造性思维的重要性。的确，当今社会已经是个信息时代，任何成功者，无不是抓住了成功的商机。年轻人，你也应该记住洛克菲勒的话，并学会在日常生活中多开动你的大脑，培养自己的创造性思维和创造力。

洛克菲勒曾经在写给儿子的信件中提到："我相信，做任何事都不可能只找到一种最好的方法，最好的方法正如创造性的心灵那样多。没有任何事是在冰雪中生长的，如果我们让传统的想法冻结我们的心灵，新的创意就无由滋长。"

的确，我们处理任何事，都并非只有一种方法，我们若想找到最佳的方法，就要不断改良自己的行为和思想，就要不断发挥自己的想象力。正如洛克菲勒的信中所说："要找出完美想法的最佳途径，就是拥有许多想法。我会不断地为自己和别人设定较高的标准，不断寻求增进效率的各种方法，以较低的成本获得较多的报酬，以较少的精力做更多的事情。因为我知道，最大的成功都属于那些有‘我能把事情做得更好’的态度的人。”

在哈佛的学生中，一直流传着他们的学长史蒂夫·鲍尔默先生的财富故事：

在美国商界，在洛克菲勒家族财富故事后，也出现了一些后起之秀，其中就包括毕业于哈佛大学的史蒂夫·鲍尔默，他是全球领先的个人及商务软件开发商——微软公司的前首席执行官。

犹太人鲍尔默先生于1980年加盟微软，他是比尔·盖茨聘用的第一位商务经理。

鲍尔默从小就很聪明，在他读高中的时候，他的母亲带他参加了全国性的数学大赛，在这次大赛中，他拿到了前十名的好成绩，并且拿到了去哈佛的奖学金，从此，他顺利实现了他父亲的梦想——考入哈佛。

在哈佛学习的期间，鲍尔默拿到了双学士学位——数学和经济学学位。

鲍尔默曾经在一次新生开学典礼学上说：“打开你的思路，放远你的视线。”他说，“因为永远有想不到的机会你没有想到，你没有看到，可是这个机会会给你带来一生惊喜的突变。”

这是鲍尔默对自己成功人生的精彩诠释。思路开阔、目光远见的人，常常能够想在人先，走在人前。同样，在日常生活中，我们做生意、赚钱，如果能做到出奇制胜的话，也能为我们带来财富。

香港一家专营黏胶剂的商店，为了让一种新型“强力万能胶水”广为人知，店主用胶水把一枚面额千元的金币粘在墙壁上，并宣称：“谁能把金币掰下来，金币就归谁所有。”一时，该店门庭若市，登场一试者不乏其人。然而，许多人费了九牛二虎之力，仍然徒劳而归。有一位自诩“力拔千钧”的气功师专程赶来，结果也空手而归。于是，“强力万能胶水”的良好性能声名远播。

当然，这家黏胶剂商店终于如愿以偿了。

在向客户介绍产品时，充分调动客户主动尝试的积极性是非常重要的。这样做，可以使他们对于产品的印象更深，理解也更透彻。

当今社会，任何人要想赚钱，要想做好生意，都不能忽视思维的力量，那些头脑灵活、拥有思想的人在这个社会更有打拼的出路。因为，在打拼的过程中，谁都会遇到难题，只有开发大脑、出奇制胜，才能做到运筹帷幄，才能解决现下的难题。诚然，在难题面前，任何人都可能会产生一些焦躁的情绪，但焦躁对于事情的解决毫无帮助，我们只有静下心来，才能冷静地思考解决的方法。

生活中，失败平庸者多，除了心态问题外，还关乎思维能力，他们在遇到问题时，总是挑选容易的倒退之路。“我不行了，我还是退缩吧。”结果陷入失败的深渊。成功者遇到困难时，能心平气和，并告诉自己：“我要！我能！”“一定有办法。”因此，我们的思维也需要做到与时俱进。有时候，可能你觉得你已经进入了死胡同，但事实上，这只是你没有找到出路而已。要改变事物的现状，就要运用思维的力量，思路一变方法来，想不到就没办法，想到了又非常简单，人的思维就是这样奇妙。

拒绝新的挑战是非常愚蠢的，而传统型的想法是我们创造性计划的头号敌人。创新也并不是一时之功，创新更需要我们做到出奇制胜。每一个年轻人都应该让自己的思维变通起来，当大家都朝着一个固定的思维方向思考问题时，你不妨换个方向思索，这实际上就是以“出奇”去达到“制胜”。这种思维方式一旦运用到工作中，效率就会大大提高，你也可能会得到不同寻常、出其不意的成功。

总之，生活中的年轻人，你若希望自己拥有一个灵活的头脑，就要学会在日常生活中重视训练自己的大脑，因为人的大脑就如同一台机器，长时间不使用，它的工作能力就会减弱甚至部分丧失。

二十一个世纪的竞争实质上就是智力的竞争，谁拥有赚钱的智慧，谁就能在社会上如鱼得水。如果没有赚钱的智慧，只是因循守旧地挣钱、用钱，终究会被时代列车甩出去。

“多向思维”的经营智慧

犹太人认为，即使是一美分也要赚，也就是说，他们不放过任何一个可以赚钱的机会，在犹太人看来，很多东西都可以是商品，如时间、知识等，还有国籍。也许你会感到惊奇，国籍怎么能成为商品呢？这要追溯到犹太人“生意无禁区”的经商思想，可以说，这是犹太人“多向思维”的经营智慧的重要体现。

的确，犹太人确实开创了用金钱购买国籍的先河，当然，加入某国的国籍，并不是他们的最终目的，他们是为了给经商之路扫除障碍，以便赚取更多的钱。犹太商人罗恩斯坦就是靠买到国籍而致富的典型商贾。

罗恩斯坦的国籍是列支敦士登，但他并非生来就是列支敦士登公民，他的列支敦士登国籍是用钱买来的。那么，他为什么要这么做？又是怎样办到的呢？

列支敦士登是欧洲中部的内陆小国，夹在瑞士与奥地利两国间，为世界上仅有的两个双重内陆国之一，面积仅为157平方公里，人口约19000人。这个小国有着与众不同的特点，那就是国内征收的税金很低。这一点，吸引了很多国外的商人，为了赚到更多的钱，这个国家也出售国籍，定价7000万元。在拥有了这一国家的国籍后，无论你生意的规模多大，每年只要缴纳9万元税款就可以了。

所以，世界各国的富人都想去列支敦士登国，他们极想购买该国的国籍，然而，原来只有19000人的小国根本容纳不下太多的人，因此，即便你很有钱，也很难买到该国国籍。

不过，这一点难不倒充满智慧的犹太商人。罗思斯坦在购买了该国国籍之后，就把总部设置在列支敦士登，而办公地点设置在美国纽约，这样，他也只需要按照列支敦士登国的纳税标准来纳税。他是个合法的逃税者，因为税金变少，所以获取了更大利润。

我们不禁感叹犹太商人的精明，国籍竟然也可以成为他们赚钱的媒介。在犹太商人看来，生意无禁区，只要是合法的赚钱生意，都可以做。这一生意经，确实值得每个渴望致富的人学习。

所以，我们可以说，成功是没有固定模式的，只要你能走一条与众不同的道路，机会总是有的。

英国人霍布代尔是一所中学里一位勤勤恳恳的清洁工，已经在那所学校工作多年。一次偶然的机会，学校新来的校长发现霍布代尔是个文盲，这位校长不能容忍自己的学校中有一个文盲，于是将他解雇了。霍布代尔痛苦万分，因为，对于他这样一个文盲来说，到哪儿去工作都将面临困难。痛苦中的霍布代尔并没有自暴自弃，他开始思考这样一个问题：我真的一无是处了吗？突然，他高兴起来了。原来他想到了他的手艺——做腊肠。霍布代尔做的腊肠曾深受学校师生的欢迎。基于此，霍布代尔产生了做腊肠生意的念头。他做得很好，几年后，在英国有人不知道莎士比亚，不知道劳斯莱斯，但没有人不知道霍布代尔的腊肠。

在我们身边，有很多和故事中的霍布代尔一样的人，他们没有高学历、没有雄厚的资金，他们被别人看不起，但他们能找到自己的长处，然后将之充分发挥出来，最终，他们获得了别人不曾预料到的成功。

成功学专家罗宾曾经在《唤醒心中的巨人》一书中非常诚恳地说过：“每个人都是天才，他们身上都有着与众不同的才能，这一才能就如同一位熟睡的巨人，等待我们去为他敲响沉睡的钟声……上天也是公平的，不会亏待任何一个人，他给我们每个人以无穷的机会去充分发挥所长……这一份才能，只要我们能支取，并加以利用，就能改变自己的人生，只要下决心改变，那么，长久以来的美梦便可以实现。”同样，在赚钱的道路上，路有千万条，只要我们能解放自己的思维，就能找到。

甲骨文公司的创建者埃里森没有显赫的身世，甚至可以说出身卑微。1944年，他年仅19岁的母亲生下他，又遗弃了他，全靠姨妈把他抚养成人。在埃里森的记忆里，他只与母亲见过一面，知道她是犹太人，而父亲的身份至今还是一个谜。不知是否和身世有关，埃里森的坏脾气臭名远扬，“骄傲、专横、爱打嘴仗”成了埃里森的代名词。

“读了三个大学，没得到一个学位文凭”“换了十几家公司，还是一事无成”，直到32岁，埃里森才以1200美元起家，创造出“甲骨文奇迹”。

埃里森是推销高手，他不只直接推销产品，更聪明地为产品的市场环境造势。他到处宣传关系数据库的概念，称其可以加快数据处理效率，容纳和管理更多的数据。与此同时，埃里森每次作推介演讲时，题目经常是“关于数据库技术的缺陷”，然后紧跟着就介绍甲骨文是如何解决这些问题的，并当场演示，让人们印象深刻。可以说，埃里森成功靠的不仅是技术，更多是市场推销。

埃里森懂得抢先占领市场的重要性：研制产品并将其卖出去是最主要的事情，其余的事情都不重要。他公司的发展策略是：拼命向前冲，拼命兜售甲骨文的产品，扩大其市场占有率。

他培养了一批“狼性”十足的销售人员。这些人员的贪婪和竞争本能得到了最大程度的调动，继而转化为不可思议的战斗力，最终转化为不可思议的业绩。甲骨文的销售部门不是一个“懦夫待的地方”，它是一个竞技场。疯狂追逐胜利的“疯子”在甲骨文会成为吃香的人，发挥平常的人则不受待见，甚至被迫卷铺盖走人。

这就是埃里森的精神，他的成就是，2007年福布斯全球富豪榜第11名，上榜资产215亿美元。

经营之神松下幸之助曾说，人生成功的诀窍在于经营自己的个性长处，经营长处能使自己的人生增值，否则，必将使自己的人生贬值。他还说，一个卖牛奶卖得非常火爆的人就是成功者，你没有资格看不起他，除非你能证明你卖得比他更好。一般来说，很多成就卓著的人士的成功，首先得益于他们充分了解自己的长处，根据自己的特长来进行定位或重新定位。可以说，埃里森在读书这一点上并不擅长，但他擅长推销，擅长培养人才，他就是一个特立独行的创业者。

赚钱没有固定的模式，我们在经商或者创业过程中，要尽可能避免各种非理性的先入之见和属于意识形态因素的影响，这样，我们赚钱的道路才不会被限制。

善于逆向、转向和多向思维

生活中，我们在思考问题或做事时，已经习惯了从常规思维出发，以切苹果为例，我们习惯于从茎窝凹处切分苹果，若不改变切法，不管切多久，都不会有新奇的发现；若横切一刀，你就会发现：苹果核竟显示出清晰的五角星状。有一句话说得好："横切苹果，你就能够看到美丽的星星。"同样，生活中的人们，在思维上，我们也应该学会转换思维，如果一味地走别人走过的老路、毫无创新的话，那么，你不仅难以复制他人的成功，也将失去自己的人生；而如果你寻找到属于自己的路，那么，你的未来就是美好的。

事实上，无论做什么，都是这个道理，都要有灵光的头脑，善于运用创造性思维，不能钻牛角尖。这条路走不通，不妨另走一条，多一条路多一道风景。

曾经有这样一个财富故事：

在美国乡村，有个老头和他的儿子相依为命。

一天，一个人找到老头说要将他的儿子带去城里工作，老人愤怒地拒绝了这个人的要求。这个人又说："如果你答应我带他走，我就能让洛克菲勒的女儿成为你的儿媳，你看怎么样？"老头想了又想，终于被让儿子能当"洛克菲勒的女婿"这件事情说动了。这个人精心打扮后，找到了美国首富、石油大王洛克菲勒，对他说：“尊敬的洛克菲勒先生，我想给你的女儿找个对象。”洛克菲勒说：“快滚出去吧！”这个人又说：“如果我给你女儿找的对象是世界银行的副总裁呢？”于是洛克菲勒就同意了。最后，这个人找到了世界银行总裁，对他说：“尊敬的总裁先生，你应该马上任命一个副总裁！”总裁先生摇着头说：“不可能，这里这么多副总裁，我为什么还要任命一个副总裁呢，而且必须马上？”这个人说：“如果你任命的这个副总裁是洛克菲勒的女婿呢？”总裁立刻答应了。

在这个人的努力下，那个乡下小子不但娶了洛克菲勒的女儿，而且成了世界银行的副总裁。

这个故事看似不可思议，却有着现实的价值。在漫漫人生长路上，许多人利用思维的变化找到了成功的机会，相比之下，那些不善于变通的人，纵有一身过硬的本领，也会因为不懂得因时因地变通，而无法捕捉和把握稍纵即逝的机会，以致难以做出一番成就。甚至有的时候，机会向他迎面走来，他也会视而不见，眼睁睁让成功与自己擦肩而过。

松下幸之助曾经说过：“今日的世界，并不是武力统治而是创新支配。”只要能跳出传统守旧的观念，将自己思想方式巧妙地变一变，一个小小的改变，往往就会产生意想不到的效果。

有这样一个案例：

电影界突然一窝蜂地拍摄有动物参加演出的影片。虽然大家几乎是同时开拍，但是，其中有一家，不但推出得早了许多，动物的表演也远较别人精彩，这是为什么呢？

原来，这位导演在同一时间找了许多只外型一样的动物演员，并各训练一两种表演。于是，当别人唯一的动物演员费尽力气也只能演几个动作时，他的动物演员却仿佛通灵的天才一般，变出许多高难度的把戏。而且，因为他采取好几组同时拍的方式，剪接起来立刻就可以将电影推出。观众只见其中的小动物爬高下梯、开门关窗、卸花送报、装死促狭，却不知道是由不同的小动物演的。

这个世界上没有任何事是一成不变的，世界上也没有死胡同，关键就看你如何去寻找出路。

当我们认识到变通性思维的重要性后，现在，我们来想象一下，假如我们有一只铅笔，那么，它有什么作用呢？你能想到哪些？可能你会说“书写”，但实际上，这只是铅笔的一般用途，我们至少还可以得出这些答案：绘画、当发簪、做书签、当尺子画线，它削下的木屑可以做成装饰画，在遇到坏人时，削尖的铅笔还能作为自卫的武器……所以，千万不要以为铅笔只有一种用途——写字。

当然，要获得变通性思维，还需要我们在日常生活中加以锻炼，具体来说，我们可以这样做：

1. 敢于否定，打破传统思维

曾有人这样诠释创新：“你只要离开常走的大道，潜入森林，你就肯定会发现前所未有的东西。”创新的成功，总是源自创新者的强烈创新意识。要想摆脱传统观念和习惯思维的局限，就要鼓励自我打破思维禁锢，突破常规的路线，激活创新的意识。

2. 善于变通，敢于尝试

变通思维是创造性思维的一种形式，是创造力在行为上的一种表现。思维具有变通性的人，遇事能够举一反三，闻一知十，做到触类旁通，因而能产生种种超常的构思，提出与众不同的新观念。科学领域中的任何建树，都需要以思维的变通为前提。一般来说，变通思维用好了，就会起到一种“柳暗花明”的奇妙作用。

当然，我们这里所说的创新、变通，主要说的是对人们日常形成的思维定势提出挑战，而不是不遵守法律。法律是维持一个社会正常运转的必需品，它约束我们不做对他人有伤害的行为；唯有来自上辈人以及大多数人习惯的定势规则，才是禁锢我们头脑的一大天敌。不论个人还是企业，一旦头脑被禁锢，其发展就一定受到限制。

总之，思维一变天地宽，勤思考，善于逆向、转向和多向思维的人，总能找出解决问题的方法，总能以最少的力气，做出最满意的效果。

独特的想法和创造性让工作变简单

在职场上，很多身为下属的人，都觉得只有上司才能成全自己。因此，他们挖空心思地讨上司的欢心，非常努力地工作以博得上司的认可，甚至与上司套近乎拉关系，总而言之，他们都是为了得到上司的提拔。的确，在职场上，通常情况下，上司提拔和成就下属往往只是举手之劳；然而，大多数人都不知道的是，下属也能成就上司。比如，你的上司很平庸，因为各种机缘巧合才有幸带领你所属的团队。而你是一个非常有远见也很有创造性的人，你总是不安分，努力想出新的办法振奋团队——这就是对上司的成就。或者，你非常优秀，从人群中脱颖而出，很快就在工作上有所创新，为公司创造了巨大的利润。在这种情况下，你也成就了上司。因为你的存在，上司原本平庸的团队不再平庸。不管你做出多么伟大的成就，他作为你的顶头上司，一定有不可磨灭的功劳。随着你的成长，上司也水涨船高。从这个意义上来说，上司与下属，只是工作的角色分工不同，实际上是相互成就的关系。

因此，即使你只是个名不见经传的小职员，对工作也应该有自己的想法和创意。若你安于本分，你的上司也会碌碌无为。若你不再把工作当成简单的重复，而是殚精竭虑地想出好主意来处理工作，你就会获得工作的成功。与此同时，当上司因为你的崛起而备受瞩目时，他也一定会更加认可和感激你。

马云进入这家公司，投在张主管的麾下从事销售工作时，张主管还非常平庸。一则张主管本人能力平平，二则张主管所带领的团队成员都很普通，没有一个人有过人之才。自从马云加入之后，一切都变了。马云是农村的孩子，大学毕业后就留在了这个陌生的城市。为了能够尽早出人头地，把还在家乡过着贫苦生活的父母都接到大都市来，马云很有一股子闯劲和拼劲。他虽然刚刚大学毕业，但是工作的动力非常强。每天，他比那些有家庭负累的人更早地来到公司，晚上下班也比大家都晚很多。白天正午时分，灼热的太阳当空悬挂，他却独自出去拜访客户，一直到傍晚才回来。然而，对于刚入职的新人而言，在没有资源的情况下，要想在短期内看到成效太难了。

马云思来想去，自己到档案室找到了好几年前的客户资料，一一对他们进行回访。虽然主管对马云的做法不以为然，但是并没有阻止马云。就这样，马云白天开拓新客户，晚上就回访老客户。很多时候，办公室都只剩下马云一个人。就这样夜以继日地努力了一个月之后，马云居然从老客户中挖掘出一个新客户，这就是销售行业中典型的老带新。看到马云的工作有了成效，主管很高兴地表扬了他。看到自己的努力换来了更高的薪水，马云劲头更足了。两个月过去，很多同事都说马云是可造之材。果然，经过积累和沉淀的马云，在第三个月接连签约好几单，连老板都知道了他的大名，将他作为新秀，要求全公司向他学习。当然，这件事情给张主管带来的荣誉是无限的，因为老板在表扬马云时数次提到张主管带兵有方，还让中层领导都向张主管学习呢！就这样，在马云的带动下，张主管整个团队的业绩越做越好。后来，老板想要提拔一名副总，自然而然地想到了张主管。就这样，张主管荣升副总，马云成为团队的马主管。

在这个事例中，马云的加入无疑成就了张主管。如果团队始终死气沉沉，业绩不见起色，张主管是无论如何也不可能得到机会晋升副总的。由此可见，下属需要上司的提拔才能得到晋升机会，而上司也需要下属的鼎力相助才能拓展广阔的职业发展空间。

上司和下属的关系，就像是水和舟的关系，相辅相成，缺一不可。明智的下属一定会用心工作，因为在他以出色的工作表现成就上司的同时，不但给了上司上升的渠道，也给了自己更大的发展空间。

避免习惯性行为限制你的创新能力

曾经有位名人说，思想决定行为，行为形成习惯，习惯决定性格，性格决定命运。由此可以推断，在有正确思想指导和执行力的前提下，习惯决定命运。有科学家经过研究发现，在人一天的行为中，有多达95%的行为是习惯性的，只有5%的行为是非习惯性的。很多人认为，养成一个习惯很困难，因为在养成习惯的过程中需要顽强的毅力，但是研究证实，养成一个习惯只需要三周的重复，而形成稳定的习惯只需要三个月。习惯的形成说难也难，说快也快。如此想来，我们应该慎重对待自己的习惯。因为凡事都有利有弊，好的习惯能帮助我们走向成功，也有可能会限制我们的发展，所以，我们应该以辩证唯物的态度分析习惯的优劣，从而扬长避短，最重要的是要避免习惯性行为在不知不觉中限制我们的创新能力。

如果我们在思考问题的时候始终注意规避墨守成规，注意规避习惯带来的不假思索的行为，那么我们就会养成创新的习惯。这种创新思维一旦养成，我们就能够在第一反应中寻求最合理的策略或者思维，这将会给我们的生活和工作带来莫大的好处。曾经有个动物学家做过一个实验，为我们揭示了惯性的巨大力量。他在一只玻璃量杯里放入了很多跳蚤，刚开始，这些跳蚤很容易就跳出了玻璃量杯。后来，动物学家在量杯上盖了一块玻璃。这块玻璃局限了跳蚤跳跃的高度，每当它们跳到玻璃面的时候，就会被挡住。时间久了，等到动物学家把玻璃面去掉之后，他发现跳蚤再也无法跳到量杯外面了，因为它们以为还有玻璃挡着，只会跳跃到玻璃面的高度。这就是惯性的力量，因为惯性，跳蚤忘记了自己原本能跳跃的高度。这个实验虽然很简单，却为我们揭示了一个深刻的道理。生活中，这样的现象非常常见，所以我们要注意调整自己的思路，打破习惯的局限。

很久以前，杰克是个乞丐。他从小就是个孤儿，无父无母，一个人四处流浪，过着食不果腹的生活。有一天，他正蹲在街边乞讨，突然有个衣衫楚楚的律师找到他，对他说："您好，先生，请问您是杰克吗？"杰克木然地点点头。律师继续说："是这样的，我是玛丽的代理律师。玛丽去世了，她委托我找到您，因为您是她唯一的远房侄子。她把所有的遗产都留给了您，一共一千万美元。现在，请您跟我去办理遗产继承手续吧！"杰克以为自己在做梦，拧了拧自己的脸庞，发现很疼。他懵懵懂懂地跟着律师办完了继承手续，依然不相信自己已经变成了千万富翁。

几天之间，乞丐杰克变成千万富翁的消息传遍了小镇。这个时候，无数的媒体记者蜂拥而来，想要采访杰克。抢得提问头彩的记者问杰克："杰克先生，您现在一夜暴富，从一个乞丐变成了人人羡慕的千万富翁。那么，请问您接下来有什么打算呢？”杰克脱口而出：“我想去买个好点儿的碗，再买个好点儿拐杖，我现在乞讨时用的那个碗都破了，我年纪大了，有一根拐杖，乞讨的时候能走到更远的地方。”

听了杰克的话，记者惊愕地半天没合拢嘴。杰克似乎很久才意识到自己说错了话，尴尬地笑了笑。

还有这样一个故事：

很久很久以前，有个人听说了黑海岸边有“点金石”的秘密。从此，他开始寻找这种能把普通石头变成金子的点金石。据说，点金石看起来和普通石头没什么区别，最大的不同在于，点金石是有温度的，暖暖的，普通石头却是冷冰冰的。他不远万里地来到黑海岸边，每天都在寻找石头。他一块块地把石头捡起来，感受石头的温度。每次，他找到的都是冷冰冰的石头，渐渐地，他从开始的用心感受变为捡起石头便不假思索地扔掉。

时光过得真快啊，转眼之间，三年过去了，他依然没有找到点金石。但是，他毫不气馁，继续寻找着。时间又过去很久……一天清晨，天还没亮，他捡起一块石头，像往常一样不假思索地扔掉。他甚至来不及感受到，那块石头是温热的。未来的日子里，他继续捡起石头，再扔掉。原来，他已经形成了捡起石头马上扔进海里的“习惯”，甚至已经忘记了自己为什么不远万里地来到黑海岸边捡石头。

已然变成千万富翁的杰克想的居然是给自己添置乞讨的装备，继续走乞讨之路。这就是习惯对人的禁锢。杰克乞讨了大半生，已经习惯了乞讨的生活。在此之前，他每天的生活就是想着去哪里能讨到吃的，讨到更多的钱赖以为生，所以，即使变成了千万富翁，在短期之内，习惯的力量依然存在于他的身上。捡“点金石”的人的确很执着，但是他把捡石头并且扔掉变成了一种习惯，甚至连自己曾经捡起点金石又扔掉都毫不知情。这是莫大的悲哀。习惯带着惯性的巨大力量，甚至能让我们忘记初衷，我们不得不说，习惯的力量有的时候是可怕的。

无可否认，良好的习惯的确能够帮助我们有序地生活，帮助我们坚持不懈地努力，直到走向成功。然而，生活中也有很多需要改进和创新的时候。所以，我们在利用习惯力量的同时，也要时刻记得打破习惯的禁锢，给自己更大的空间发展。

第09章

利用集体智慧：整合可用资源助自己成事

集思广益，利用集体的智慧成事

我们都知道，现代社会，任何人都不可能靠单打独斗取得成功，这是一个合作型社会，而合作并不是“人多力量大”，而是需要每个成员不遗余力地付出。无论你是团队的管理者还是普通成员，都要将个人力量发挥到最大，集结每个人的智慧。具有团队精神的集体，可以达到个人无法独立完成的成就。

“人心齐，泰山移。”可以说，曾国藩之所以能带领湘军平定太平天国运动，造就晚清“中兴”的局面，就是集智助业的结果。在他的幕府中，各种类型的人才都不缺乏，无论是文官还是武将，都听命于曾国藩，比如，战功卓著的胡林翼、左宗棠、李鸿章等一大批将领都团结在曾国藩的周围，而这与曾国藩的“廉以服众”的修养是分不开的。

的确，团结就有力量，合作产生效益，更重要的是，优势互补、与人合作能提高做事效率，节省时间，壮大自身力量。在时间就是金钱和生命的现代社会，真正聪明的人都懂得与人合作的好处。

生活中，每到秋天，细心的你可能会看到这样一幅绮丽、壮观的画面：一群大雁结队往南飞，它们一会儿排成“人”字，一会排成“一”字，这阵容着实可与空军演习相媲美。对此，人们常常会感到疑惑：为什么大雁南飞时会有如此阵容呢？学者们从社会学的角度对大雁展开了研究，研究结果发现，大雁群体具有很强的团队意识：大雁会通过排成人字形或一字形飞翔，由不同的大雁轮流担任领头，为群体提供上升的推力，从而更快更轻松地飞翔。

大雁的精神就是团队的精神：相同的目标，明确的分工，协调的合作，有序的竞争，恰当的组合，宽阔的胸怀，无私的奉献。人们常问：“一滴水怎样才能不干涸？”答案是“把它放到大海里去”。一个人再完美，也就是一滴水，一个团队，一个优秀的、完美的团队才是大海。

团队的核心就是共同奉献。任何一项团队工作的成功，都需要所有成员的共同努力。这就好比一台机器，它的运行不能缺少任何一个零件。这种共同奉献需要每一个成员把这项工作当作切实可行而又具有挑战意义的目标。若团队如同一盘散沙，何谈齐心协力，何谈成为一个强有力的集体？

从2004年8月5日开始，北京奥运会吉祥物向全世界征集作品。2004年12月15日，由24名在艺术、文化领域具有杰出成就的专家学者对662件吉祥物有效参赛作品进行了艺术评选。17日，由10名中外专家组成的推荐评选委员会，对进入推荐评选阶段的56件作品进行了审阅和评议。大熊猫、老虎、龙、孙悟空、拨浪鼓以及阿福6件作品被定为吉祥物的修改方向。在集思广益的基础上，由推荐评选委员会推荐成立的修改创作小组组长、著名艺术家韩美林执笔，最终完成了吉祥物方案的设计。

“五一”期间，韩美林根据各方提出的修改意见，对“中国娃”方案作了进一步的修改完善，提出了以北京传统风筝“京燕”造型代替“龙”造型的修改方案。在表现手法上，重新勾画了五个福娃的形象，突出了吉祥物生动活泼的性格特质，在整体形象的艺术表现方面有了重大的突破。至此，北京奥运会吉祥物形象定位基本完成。

北京2008年奥运会吉祥物的征选就是采用了集思广益的方法。的确，即使你是一个才华横溢的人，也会有思维的局限，也有不足点，只有善于采用、借助别人的智慧，才能有效地弥补这些缺陷和不足。如果能取人之长、补己之短，而且能互惠互利，那么合作的双方都能从中受益。

和曾国藩一样，其实真正有智慧的人，往往都善于借助别人的智慧实现自己的愿望，虽然不可能人人都做到这一点，但每个人都可以与他人合作，携手做出更大的事业。

那么，我们该如何做到让其他成员不遗余力地为团队效力呢？

1. 多赞美别人

在生活中，人人都喜欢给自己积极评价的人，也愿意同那些对自己的品性和才华及在工作中的表现给予好评的人合作。如果你经常赞美别人的德识才学、工作实绩，你就会得到许多合作者，别人会回报你的知遇之恩的。

2. 以帮忙者的身份出现

因为帮忙者这一角色不仅显示出了你对对方的真诚关心与慷慨相助，而且维护了对方的主导地位。对方会因此真诚地欢迎你来合作，因为你的真诚换取了对方的真诚。

3. 请求对方帮忙

先请求对方帮自己一次小忙，然后表示感谢，渐渐地，对方就会心甘情愿地帮你的大忙。因为你这样做不仅维护了他的自我形象，而且使他享受到了自己有益于人的美妙心理体验。

4. 激起对方的歉疚之情

在与人合作的过程中，要大度，不要斤斤计较。即使对方有对不起你的言行，也要一切如常，以此激起对方歉疚感，从而尽力地与你合作。

社会总是会有竞争，但是我们也该学会与人合作，只要抱着“我好，你好”的双赢态度，按照这个原则去处理人际关系，你将会获得最理想的结果。

想要拥有财富，要懂得借力

俗语说：单丝不成线，独木不成林。个人英雄主义不足以成就大业，任何大事都是由众人合作完成的。没有李鸿章等一批将才的帮忙，曾国藩很难完成挽救晚清的大业；没有汉初三杰和豪杰们的合作，刘邦不可能建立汉朝；没有桃园三结义，刘备怎么可能三鼎天下；没有瓦岗排座次，褐衣公子如何会有成就？由此可见合作的重要性。同样，现代社会，我们任何人，想要拥有财富，就要懂得借力，就要懂得与人合作。我们先来看下面一个故事：

小王从小就有个梦想，那就是当一名演员，如今，他遇到的苦恼是，虽然自己长相很好，也很有实力，但一直缺少个机会崭露头角，那些名导演、名制片人似乎都不愿意与人合作。因此，提高自己的知名度是他当下的工作。他非常需要一个公关公司为他在各种报刊上刊登他的照片及有关他的文章，但是他没有钱，也没有机会。

一次偶然的机会，他在朋友的聚会上认识了莎莉文，这是个很会交际的女孩，她曾经在纽约一家最大的公关公司工作过好多年，不仅熟知业务，而且有较好的人缘。几个月前，她自己开办了一家公关公司，并希望能够打入有利可图的公共娱乐领域。但让她烦恼的是，到目前为止，一些比较出名的演员、歌手、夜总会的表演者都不愿与她合作，她的生意主要还只是靠一些小买卖支撑。

于是，小王和莎莉文立即联手。小王成了莎莎新公司的代言人，而她则为他提供出头露面所需要的经费。这样小王不仅不必为自己的知名度花钱，随着名声的扩大，他也在业务活动中处于一种更有利的地位。同时莎莉文也借助小王的名气变得出名了，很快就有一些有名望的人找上门来。二人各取所需，合作达到了最高境界，他们的关系也因此变得更加牢固。

从小王的故事中，我们发现，当今社会，如果你想成功，如果你想获得财富，那么，你必须拥有优质的人脉，必须学会与人合作，而人脉的最高境界就是互利，合作的前提也是。

那么，具体来说，我们该如何通过与人合作获得财富呢？

1. 消除心理成见

可能你会认为，这样建立起来的友谊不就是功利性的了吗？可是，哪一段友谊能完全摒弃功利呢？完全没有功利色彩的友谊是不存在的。举个很简单的例子，当你认为某个人身上有你没有的技能时，你会选择与之结交，但当你发现他其实是个腹中空空的草包时，你恐怕对他也不会有多大兴趣。生活中，我们经常听到一些人抱怨朋友不讲交情，不够哥们儿，其实，引起抱怨的主要原因就是自己的某种需求没有得到满足，而这种需要何尝不是功利性的呢？

谁不希望结识那些能力强的人呢？那些能力强的人往往能帮助我们找到财富之源。我们不妨假设一下，如果对方能为你提供一次做大生意的机会，你会拒绝与之相交吗？

2. 学会为人所用，体现自己的价值

“被利用”的价值，这个词听起来好像也过于功利了，而人际关系心理学家认为，只有互惠互利的人际关系才是健康的、长久的。虽然我们的社会提倡奉献和利他精神，但这是一种最高层次的人际交往境界，很难要求所有人都做到这一点。

朋友之间的关系不是索取和奉献，而是彼此互求互助。如果你想赢得朋友，那么，你们之间必须有种互利关系，这是牢固你们关系的一个根本。

人之所以需要与人交往，多半时候，都是希望交往对象能够满足自己的某些需求，这种满足，既有精神上的，也有物质上的。所以，按照人际交往的互利原则，人们实际上采取的策略是：既要讲感情，也要有功利。可以说，人际交往中的互惠互利合乎我们社会的道德规范。

当然，好的人际关系还需要你主动、用心地培养，只有用真诚和爱心，才能巩固起你的人际关系，也只有团结他人，你手中的力量才会更强大。一个人无论多么能干，多么聪明，多么努力，如果他不能或是不愿意与团体一起合作，日后也绝不会有什么大成就。

在这个分工越来越明确的时代，要想获得财富，要想发展事业，就不要指望仅凭单打独斗；要获得成功，就必须懂得借力，仅凭一个人的能力是很难完成自己的事业的。只有人们愿意帮你，不断地给你提供各种资源，你才能有更多的成功机会。

与优秀者为伍，和成功者结交

犹太经典《塔木德》中有这样一句话：“和狼生活在一起，你只能学会嗥叫；和那些优秀的人接触，你就会受到良好的影响。”同样，如果我们多结交有特殊专长和才能的人，那么，我们也会受其影响，“集众家专长于一身”，变成优秀的人。

犹太人认为，五个朋友决定你的一生，与什么样的人交往就注定了你会是怎样一个人。的确，每个人交朋友的标准都不一样，有些人喜欢结识能力、经验都不如自己的人，因为这样能使他们获得一种快感，是一种满足。但聪明的人绝不会这么做，他们会努力结交一些比自己更优秀、更聪明、更有能力的人，这样，不仅有利于提升自己的水平，更能在日后得到他们的帮助。因为他们懂得“和什么人交往，就会变成什么样的人”的道理。

或许你会认为，带着目的交际、结交那些有专长和特殊才能的人是一件有心机的事，那么，你是否会常和一些对自己完全没有帮助的朋友见面，每次连自己都感到是在浪费时间和金钱，却把它当作讲义气呢？朋友应该具备值得自己学习的地方，这样才能彼此促进，建立良好的长久关系。人们往往愿意结交与自己类似的人，同时，在和这样的人交往时，也会不断固化双方共有的特质，并染上对方的其他特质。因此，结交什么样的朋友，足以说明自己是什么样的人；同时，结交与自己不同的人，则会为自己带来改变的机会。

1980年，获得诺贝尔经济学奖的舒尔茨教授应复旦大学邀请进行学术访问，访问结束前到北大演讲。时值中国高考恢复不久，学校找不到英语专业又熟悉西方市场经济学的学生做翻译。林毅夫是个特例，他原是从金门泅游到大陆的台湾军官，在台湾已经获得过企业管理学硕士，再加上英语基础好，便担任了舒尔茨教授的翻译。在翻译过程中。林毅夫让舒尔茨教授深感惊讶和欣赏。舒尔茨教授回国后，主动写信给北大经济学系以及林毅夫本人，邀请他到芝加哥大学经济学系攻读博士学位。1982年，林毅夫来到芝加哥大学，80岁高龄、已有10年没有带过博士生的舒尔茨教授破例将其招为关门弟子。正是芝加哥大学的留学经历，为林毅夫日后的事业发展打下了坚实基础。

的确，林毅夫十分幸运，因为结交了博学多识的舒尔茨教授，他的人生从此开始辉煌起来。

西方有句名言："与优秀者为伍。"日本有位教授手岛佑郎，研究犹太人的财商，得出的结论是："穷，也要站在富人堆里。"我们说要认识关键和重要的人物，当然不是要你非常势利。但很明显，知己、好友、有益的朋友、重要的朋友，我们都需要。这些良师益友未必能给我们提供实际的帮助，但他们可以给我们带来新的观念、价值、经验。

我们来看看保罗·艾伦和比尔·盖茨之间的友谊：

保罗·艾伦是微软的创始人之一，曾多次在《福布斯》富豪榜上名居前列。

保罗·艾伦似乎一直被掩盖在比尔·盖茨的光环之下，人们只知道他和比尔·盖茨共同创立了微软，却忘记了正是他把比尔·盖茨引入软件这个行业。而就是这样一个软件业精英，一个富于幻想的开拓者、一个为玩耍一掷千金的豪客、一个总是投资失败却成功积聚巨额财富的商界巨子，却创造了一个传奇——他有取之不尽的财源、独树一帜的投资理念，也有与众不同的成功标准。

1968年，与盖茨在湖滨中学相遇时，比盖茨年长两岁的艾伦以其丰富的知识折服了盖茨，而盖茨的计算机天分，又使艾伦倾慕不已，就这样，两人成了好朋友，随后一同迈进了计算机王国。艾伦是一个喜欢技术的人，所以，他专注于微软新技术和新理念，盖茨则以商业为主，集销售员、技术负责人、律师、商务谈判员及总裁等职于一身，微软两位创始人就这样默契地配合，掀起了一场至今未息的软件革命。

有人说，没有保罗·艾伦，微软也许不会出现，但如果不是托盖茨的福，艾伦也许连为自己的“失误”埋单的钱都不可能有。而这并不是偶然，比尔·盖茨曾这样说过，“有时决定你一生命运的就在于结交了什么样的朋友。”换句话说，从某种角度而言，你与之交往的人或许就是你的未来，保罗·艾伦与比尔·盖茨就是这样互相决定了未来。

保罗·艾伦与比尔·盖茨的故事告诉我们一个道理：与最优秀的人在一起，优秀将成为一种习惯。机会不是天外来物，而是人创造的，能力突出的人显然会带给你更好的机会，更重要的是，与他们相处，可以培养并强化自己的能力，我们不仅可以从他们的成功中学到经验，而且可以从他们的教训中得到启发，我们甚至可以根据他们的生活状况改进自己的生活状况，成为他们智慧的伴侣，这自然也会使我们变得更优秀。

为了实践这点，我们要做到：

1. 不局限于你经常接触的圈

除非你本身已经是个很高端的人物，否则，你应努力打破自己所处的圈子，多看看外面的世界。譬如，学生可以争取以志愿者的身份参与各种重要活动、成功人士讲座、校外会展等；毕业生争取进入一流大公司，通过职业交际结识更多的杰出人士。

2. 有目标地结识，为自己找个好老师

在人际交往中，知识文化层次高、有特殊才能或者成功人士很多，但我们不可能结识每一个人，因此，我们要学会有目标地结识，这样在好老师的指点下，会成长得更快。

正所谓，“挨金似金，挨玉似玉。”这就是潜移默化的力量和耳濡目染的作用。如果你想成为一个睿智的人，你就要和睿智的人在一起；如果你想优秀，那你就要和优秀的人在一起，如此，你才会出类拔萃。读好书，交高人，乃人生两大幸事。

采纳各方意见，完善自己的决策

我们都听过这样一个俗语：“三个臭皮匠，赛过诸葛亮。”这里，体现的就是团队的力量，善于集众人的智慧，也是职场管理者高效工作的一种手段。所以，明智的职场管理者从来不独断专行，遇到工作中的问题时，他会采纳各方面、各个员工的意见，以此来完善自己的决策。

在日常工作中，大多数领导都会进行意见交流的工作，但也许正因为它的经常性，导致它的重要性很容易被人们所忽略。而这样的结果便是未能真正做到“意见交流”，花了那么多时间和精力，单单缺少了彼此间平行的意见交流。有的是管理者意志贯穿全会，容不得与会者探讨与发言；也有的是形式主义和走过场，缺乏真正的民主与意见的互通。

我们先来看摩托罗拉公司怎么实现领导与员工的意见互通的：

1998年4月，摩托罗拉（中国）电子有限公司推出了“沟通宣传周”活动，内容之一就是向员工介绍公司的12种沟通方式。比如，员工可以书面形式提出对公司各方面的改善建议，全面参与公司管理；可以对真实的问题进行评论、建议或投诉；定期召开座谈会，当场答复员工提出的问题，并在7日内对有关问题的处理结果予以反馈；在《大家》《移动之声》等杂志上及时地报道公司的大事动态和员工生活的丰富内容。另外，公司每年都召开高级管理人员与员工沟通对话会，向广大员工代表介绍公司经营状况、重大政策等，并由总裁、人力资源总监等回答员工代表的各种问题。

古语云：上下同心，其利断金。正是通过这样一系列的举措，摩托罗拉让员工感到了企业对他们的尊重和信任，从而产生了极大的责任感、认同感和归属感，促使员工以强烈的责任心和奉献精神为企业工作。

从这个事例中，企业管理者应该有所感悟：一个企业发展得如何、领导者工作开展得如何，很大程度上取决于能不能得到员工和下属的支持。如果我们能尊重员工，能给员工发表意见的机会，采纳员工的意见，那么，工作效率和工作业绩都会大大提升。

那么，企业管理者怎样才能做到上下齐心呢？

1. 给员工一个清晰的目的或使命

这个目的或使命通常包含在企业的使命书中，它反映了企业的远大目标。正是凭着这个目标，团队才有了一种方向感。

不仅整个团队，小组也要有明确的目标，而且小组中每个成员的作用也需清晰明确。设置目标时，必须遵循以下原则：

（1）目标的量化、具体化；

（2）给目标设定一个清晰的时间限制，与此同时，还必须对完成任务的时间进行一个合理的规化；

（3）目标的难度必须是中等的。

除了上述三个方面以外，对目标进展情况进行定期检查，运用过程目标、表现目标以及成绩目标的组合，利用短期的目标实现长期的目标，设立团队与个人的表现目标等，都有利于团队凝聚力的培育。

2. 管理者本人必须充满活力

只有始终充满活力、对管理工作保持高度的热情，才能感染企业成员，并利用好各个成员的力量，从而高质量地解决管理工作中遇到的各种问题。

3. 鼓励团队成员开放和真诚地沟通

管理者要鼓励团队成员通过合作发现并处理分歧、参与决策、作出重大决策、向前推动工作等。

4. 让员工了解你

联想的企业文化手册中明确写道：放开自我，让别人了解你的需求，让别人了解你的困难，让别人知道你需要帮助。主动了解他人的需求，让他人感到能得到理解和帮助。做到五多三少：

多考虑别人的感受，少一点儿不分场合的训人；多把别人往好处想，少盯住别人的缺点不放；多给别人一些赞扬，少在别人背后说风凉话；多问问别人有什么困难，多一些灿烂的微笑。

联想正是通过这样的沟通渠道，才令员工对企业有了宾至如归的感觉，感受到了企业内的和谐温馨，进而做到上下同心。

5. 建立一个制度化、日常化、的沟通规则

即把意见沟通列入正常化的工作章程之中，比如：每个月至少几次或者每周一次开“意见交流会”，并且要求大家在这种“意见交流会”上人人平等，领导者不能有官架子，大家畅所欲言。对于那些在会上勇于发言的下属和员工，应当给予激励，而不是打击报复。这样的“意见交流会”与其他会议是有所区别的，会上可以回避什么精神、指示等，大家可以直奔主题，并对所有人提出的问题进行深入、平等的交流。

总之，一个管理者应该努力建立和员工平等沟通的渠道，如此，在遇到工作难题时，才能集众人的智慧，从而大大提高团队的生产效率！

别太自我，虚心听取意见

“高山仰之可极，深渊度之可测，神明之听术正静，其莫

之极钦。右主听。”鬼谷子认为，高山仰望可看到顶，深渊计量可测到底，而神明的纳谏之道既正派又深沉，是无法测到底的。所以人要懂得虚心纳谏。人们最容易犯的错误就是太相信自我，听不进别人的任何意见。古人语：“智者千虑，必有一失。”一个人即便思考得再多，也免不了有疏漏和不到之处。我们对发生在自己身上的事情未必能看得明白透彻，旁边的人却往往能看得十分清楚。刚愎自用、妄自尊大，听不进别人意见的人，不仅会阻碍自己进一步的发展，还会还给自己带来一些不必要的损失。

战国时期，一位君王曾下过一道求谏旨令：“群臣和百姓能当面指责寡人之过的，受上赏；上书规劝寡人的，受中赏；能在公共场合议论寡人的过失而被我听到的，受下赏。”这道旨令一下，收到了极好的效果。一年之后，人们想再进直言，已无话可说了；而这个国家在很长一段时间内，国泰民安，社会稳定。自古以来，那些刚愎自用的人必定会自食其果。

关羽守卫荆州时，东吴吕蒙做了大都督，吕蒙早就想抢回被刘备骗去的荆州，但他心知强攻硬取只会使自己吃亏，于是打算从关羽的弱点上开刀。碰巧关羽没有亲自守荆州，正带兵攻打樊城，吕蒙一见机会难得，便表面上主动与关羽搞好关系，暗中用计蒙蔽关羽。

他诈称有病，让东吴书生陆逊代替自己都督的职位。陆逊刚上任，就以友好的言辞写了一封信，并备了厚礼，遣使拜见关羽，关羽听说后，警惕性一下子放松下来，他还嘲笑孙权说："孙权见识短浅，竟用孺子为将！"关羽对东吴近日一系列的行动与迹象没有认真分析研究，只是知其然而不知其所以然，狂妄地认为东吴胆怯，更是丝毫没有把陆逊放在眼里，于是，他放心大胆地将荆州守军调往樊城前线。但后来的事实是，东吴军队渡江夺取了荆州城。

直到此时，关羽对荆州已失守的消息仍不相信，当军中有人私下传言荆州失守时，他听后愤怒地制止道："此是敌方讹言，以乱我军心！东吴吕蒙病危，孺子陆逊代都督之职，不足为虑！"这是何等的目空一切。后来探马报知实情后，关羽才相信荆州真的丢失了。他这才大惊失色，不得已投奔荆州属地公安，岂知公安也已被吕蒙夺取了。在这进退无路之际，关羽似乎有一丝觉醒，他对身边的司马王甫深深叹道："悔不听足下之言，今日果有此事！"

刚愎自用的关羽，当听到东吴书生陆逊接替了都督的职位，他的警惕性一下子放松下来，他还嘲笑孙权说："孙权见识短浅，竟用孺子为将！"足见关羽是极其自负的人。而当荆州已经失去的消息传回来的时候，关羽仍不相信，当军中有人私下传言荆州失守时，他听后还十分愤怒地制止道："此是敌方讹言，以乱我军心！东吴吕蒙病危，孺子陆逊代都督之职，不足为虑！"

最终，关羽为自己的刚愎自用付出了生命的代价。

齐威王以善于纳谏闻名诸侯，齐国的中兴，也正是齐威王通过广纳谏、采群策的方式进行改革而实现的。不过，在继位之初，齐威王迷恋弹琴，荒废朝政，一连做了九年的“昏君”。

邹忌是一个很有才学的人，他看到齐威王的所作所为，也很想劝他振作起来。但邹忌当时的身份就连见到齐威王都不可能，又怎么能向他进谏呢？他听说齐威王喜欢听音乐，就想出了一条计策。有一天，他抱着一架琴进宫求见齐威王。他说他是本国人，叫邹忌，是个琴师，听说国王爱听音乐，特来拜见。

那天齐威王正无事，感到很无聊，听说来了一个琴师，心中高兴，就赶忙令人传话让他快进来。邹忌拜见齐威王之后，就坐下调着弦儿好像要弹的样子，可调好弦儿后，两只手便搁在琴上不动了。齐威王挺纳闷地问他，说：“你调了弦儿，怎么不弹呢？”邹忌说：“我不仅会弹琴，还知道弹琴的道理。”齐威王虽说能弹琴，可是不懂得弹琴还有什么道理，就叫他细细讲讲。

邹忌从伏羲氏作琴讲起，一直谈到文王、武王各加一弦，越讲越玄。齐威王有些听得懂，有些听不懂。可是说这些个空空洞洞的闲篇有什么用呢？齐威王听得有些不耐烦了，就没好气地说：“你说得挺好，挺对，可是你为什么不弹给我听听呢？”邹忌听了齐威王这话，就正色说道：“大王瞧我拿着琴不弹，有点不乐意了吧？怪不得齐国人瞧见大王拿着齐国的大琴，九年来没弹过一回，都有点不乐意呢！”齐威王这才恍然大悟，赶忙站起来，“原来先生是拿弹琴来劝我，我明白了。”他叫人把琴拿下去，开始和邹忌谈论国家大事。邹忌劝他重用有才能的人，重视生产，节省财物，训练兵马，好建立霸业。齐威王自称要发扬他父亲田齐桓公午的功业，远的要祖述黄帝的光辉，近的要继承齐桓公、晋文公的霸业。后来齐国中兴，从而成为东方强国。

一个人所犯的错误首先会被别人看到，并且在别人眼中，问题会被分析得更加客观和透彻。因此，我们没有任何理由拒绝听取别人的批评或建议，须知，虚心听取他人的意见是自省进步的先决条件。假如我们不能虚心地接受别人的批评，不能从中汲取对自己有益的东西，就难以取得更大的进步。

一个人的智慧是有限的，一个人对事物的认识也会受到局限性的影响，我们只有不断地从他人的见解中吸取合理的部分，以此来弥补自己的不足，才能减少失误。一个积极主动的人应该虚心听取他人的意见，这是一种有进取心的表现。拒绝接受他人的意见，就难以有效地完善自己，就无法使自己赢得成功。

第10章

发挥团队优势：精诚合作拥有不能被折断的力量

合作，让我们可以挑战不可能

我们都知道，21世纪是一个合作的时代，合作已成为人类生存的手段。因为科学知识向纵深方向发展，社会分工越来越精细，谁也不可能再成为百科全书式的人物。每个人都要借助他人的智慧完成自己人生的超越，于是这个世界充满了竞争与挑战，也充满了合作与共赢。

工作中的年轻人，如果现在的你刚跨入职场，那么，你必须对合作引起重视，并把合作的意识运用到日常的工作中。这正如石油大王洛克菲勒所说的："合作，可以让我们做到我们原来所做不到的事情。"这句话来源于他在1901年写给小约翰的一封信。这一年，约翰和摩根先生达成共识，这是美国经济史上最伟大的一次握手。美国的《华尔街日报》评价这次握手标志着"一艘由华尔街大亨和石油大亨共同打造的超级战舰已经出航，它将势不可挡，永不沉没"。

在信中，洛克菲勒提到了与合作伙伴亨利先生之间的合作与友谊：

"亨利是我永远的知己，最好的助手；和他的结盟，让我得到的不仅是投资，而且是一种心灵和智慧上的支持。我们是同一类人，我们都雄心勃勃，希望成为石油行业的主人，直到现在，我们都还记得我们一起工作时的情形——我们几乎形影不离，一起上班、下班，一起思考，我们总是互相激励，我们就像情侣一样，那是我人生中最快乐的一段时光。我们相互激励、彼此坚定决心。那段时间，就如同欢度蜜月一样，永远是让我感到愉快的记忆。如今，几十年过去了，我们依然亲如兄弟，这份情感给多少钱我都不卖。这也是我一直让你叫他亨利叔叔而不要叫他亨利先生的原因。”

洛克菲勒说，在那些妄自尊大的人眼里，合作显得很软弱或者可耻，但在他看来，合作是聪明人的选择。他也曾把自己的成功的原因之一归结为合作：“我之所以能跑在竞争者的前面，就在于我擅长走捷径——与人合作。在我创造财富之旅的每一站，你都能看到合作的站牌。”

中国人也常说“三个诸葛亮，赛过一个诸葛亮”，这句话很明确地表明了团队合作的意义：团队行动可以达到个人无法独立完成的成就。也就是说，只要团队中的每个人都能充分发挥个人的才智，就能将团队的力量发挥到最大。这里的充分发挥，很明显，是要各尽所长，把每个人的力量发挥到最大。

外国有这样一个故事片：

一个跳伞运动员在一次跳伞活动中，一不小心被挂在了飞机的起落架上，高空中的冷风嗖嗖地吹着。很快，飞机驾驶员看到了出了意外的运动员，他不能见死不救，可是，他的座位离起落架太远了，他怎么也割不断救生伞，运动员只好一直被悬挂在起落架上。

为了救这名运动员，驾驶员想方设法，但无济于事，最后他决定，还是带运动员回机场。为了保障运动员的安全，他降低了飞行速度——由原来的每小时80公里变为时速60公里。可是，这样做又会带来另外一个问题：飞机可能因为速度太慢而一头栽下去。当飞机在机场上空盘旋时，由于速度过慢，驾驶员已经感受到了飞机的震荡，稍不注意就可能发生危险。

此时，驾驶员眼前一亮，他发现前方有一片草地，如果能在草地上降落，那么，便能减少地面与飞机的摩擦，对保护运动员有好处。然而，也有不利因素，如果处理不好，仍然会造成机毁人亡。他想到了这点，但不知运动员是怎么想的。要知道，此时配合不好的话，就会导致更为严重的意外。

然而，运动员似乎与飞机驾驶员心有灵犀一样，就在飞机落地的一瞬间，运动员猛地把自己身子缩小，把头勾起来，他这样做的目的就是不让自己在飞机落地时碰到地面，尽量使自己不受伤，他的冷静给他带来了生还的希望。

很庆幸，飞机成功降落，虽然运动员皮肤擦伤了，但其他一切正常。当他看到救他的车辆驶过来时，他兴奋地对救他的人说："我太幸运了！"有人告诉他："不是你幸运，是你们配合得太好了。”

可能你也为运动员捏了一把汗，所幸他与驾驶员配合巧妙，最终化险为夷。这里，假设驾驶员对飞机的操作不够熟练，运动员对自己的身体机能不能好好地把握，那么，他们必然逃不过这一关。类似这样的事生活中极少发生，但是，在生活中，配合与协助的精神是必不可少的。当然，在配合的同时，需要每个人都发挥自己最大的力量。

叔本华说：单个的人是软弱无力的，就像漂流的鲁宾逊一样，只有同别人在一起，他才能完成许多事业。

因此，身处职场的年轻人们也应该明白合作的重要性，并在日常生活中着力培养自己与人合作的能力，只有这样，才能在未来社会真正实现与他人的共赢。

任何地方，只要存在竞争，谁都不可能孤军奋战，除非他想自寻死路。聪明的人会与他人包括竞争对手形成合作关系，假借他人之力使自己存在下去或强大起来。

好的伙伴是成功的助推器

洛克菲勒曾说过一句话：“坚强有力的同伴是事业成功的基石。不论哪种行业，你的伙伴既可能把事业推向更高峰，也可能导致集团的分裂。”这句话的含义是，在追求成功的路上，为了达成目的，我们有时候需要借助一些外在的强有力的力量，即便我们不喜欢这些人，也要与之共事。其实，这就是日常生活中人们所说的“双赢”。所谓双赢，应用到商场，指的就是采取对双方都有利的交际措施，令双方都得到他们应该得到和最想得到的东西。举个很简单的例子，大家一起排队坐公交车，如果都争相上车，谁也不让谁，最终结果只能是所有人都堵在车门口；而如果所有人都遵守前后秩序，一个个排队上车，那么，不仅所有人都能坐上车，还为大家节省了时间。

其实，对于身处职场的年轻人来说，这个道理同样适用。与同事或者工作伙伴相处时，你会发现，大家在性格、爱好、处理问题的方式乃至价值观、人生观等方面都会存在差异，只有每个人都学会求同存异和让步，才能求得一个大家都能满意的结果。

在写给儿子的38封信中，洛克菲勒提到自己刚开始创业时的一件事：

那时正值洛克菲勒创业之初，因为资金问题，他的合伙人克拉克想到了一个解决问题的办法——拉当地的一个富人，也就是克拉克曾经的同事入伙，这位合伙人叫加德纳。有了加德纳的加入，资金问题解决了，然而，让洛克菲勒感到吃惊的是，这位加德纳先生在为自己带来资金的同时，也为自己带来了屈辱。他注入资金的条件就是将公司改名为克拉克–加德纳公司，他们的理由就是加德纳的名字更响亮，更能吸引客户。

洛克菲勒感到很受伤，但他忍住了，他故作镇定地对克拉克说："这没什么。"事实上，洛克菲勒的心里如海水般翻腾，因为他的人格被践踏了，但他知道这样做能给自己带来好处，最终，他愿意忍气吞声。

当然，最后他们拆伙了。克拉克—加德纳公司永远成为历史，取代它的是洛克菲勒–安德鲁斯公司，洛克菲勒也因此成了富人。

然而，关于这位新的合伙人安德鲁斯，洛克菲勒也能看透他的本质——他就是个贪得无厌、目光短浅的人。最后他们也分道扬镳了，他们的分散是因为一次分红。

这一年，他们一起赚了很多钱，洛克菲勒希望能从中抽取一部分来经营新的生意，而安德鲁斯则希望把自己的钱全部拿回家，洛克菲勒也就尊重他的选择。安德鲁斯以为自己交了好运，因为他确实挣到了一大笔钱。然而，在洛克菲勒用自己的分红一转手又挣到一笔钱后，他竟然骂洛克菲勒卑鄙，洛克菲勒并没有说什么。

从洛克菲勒的这段经历中，我们或许能悟出一个道理——商场打拼，没有永远的朋友，也没有永远的敌人，只有永远的利益。然而，如今职场中的一些年轻人，他们在与他人打交道时，会因为一些观念的差异或者小利益的争端而始终不肯让步，最终闹到不可开交的地步。事实上，胜利与失败并不是社交活动最好的结果，最好的结果是双赢，正如那句广告词一样："大家好才是真的好！"

的确，社会总是会有竞争，人与人之间也总是存在利益不均衡的现象，关键在于我们抱什么样的态度。只要抱着"我好，你好"的双赢态度，按照这个原则去处理人际关系，你将会获得最理想的结果。要做到这一点，需要你从大局考虑，眼光长远，因此，在利益问题上，也要作出让步，并考虑让步的幅度和尺度是否有利于长远利益的实现。如果我们只顾眼前利益，就有可能失去更多宝贵的结交机会。

当然，我们在作出让步的时候，一定要考虑到这一步能否带来效用，值不值得，是否能够得到回报。因为只有实现了共赢，才有可能建立起长期的关系。

没有永远的敌人，也没有永远的朋友，要想获得成功，就要懂得控制自己的脾气，要学会运用双赢的思维，要学会放下成见、学会忍耐，这样，才能得到一个皆大欢喜的结局。

团队优势互补，成功触手可及

任何一个组织，不管大小都需要团队合作，虽然合作的形式会有所差别，但高效的团队合作往往是组织成员共同努力的结果，因为组织内上下级、员工与员工之间是一个复杂而微妙的动态过程，而并非简单的加权。比如，单就谈判团队而言，它作为一个典型的组织团队也是这样。如今，谈判变得越来越复杂，所牵涉的范围也比较广泛，所需要的知识也很广博，诸如产品、技术、市场、金融、法律等多方面，假如是牵涉到国际间的谈判，还会涉及国际法、外语等知识，如此纷繁的知识绝不是仅凭一个人就能全部掌握、精通的。因此，谈判除了一对一的形式之外，更多的时候是一个谈判团队对另外一个谈判团队。为了实现某个具体的谈判目标，按照新的组合放大个人的力量，从而形成一种新的力量。

任何团队的组合实际上都是一种优势互补。在实际生活中，即便是再高明的人，他也有不知道的地方，他也有自己的不足之处，总是这里或那里搞不明白。对于这样的情况，若是找一个能与之互补的人组成团队，那岂不是更完美了？我们都知道，一个人能力再强，也到不了想干什么就干什么的地步，因此，一个好的组合团队往往聚集了众多个人的力量，从而形成更强大的力量，而这样的力量恰恰是在实际工作中所需要的。所以，如果你想在事业中赢得头筹，那组建一个好的团队是很有必要的。

公司建立了以王先生为首的谈判团队，在这个团队里每个人都有自己的具体职能。王先生作为团队的领袖，他几乎处理所有面对面的谈判，是整个谈判的组织者，负责大部分“说”的工作，或者是提出新的问题和新的提议，或作出妥协和让步。

团队中的小李是评论员，他主要负责总结目前的进展，阐明目前所存在的问题。观察员小赵主要负责观察并监控人们通过话语和肢体语言、面部表情所传递出来的信息。小凡是团队里的分析员，主要负责记录并分析全部的数字和其他数据，对方的出价方式和作让步的方式，这样有助于理解谈判的目标和优先考虑的问题。

俗话说：“三个臭皮匠，顶一个诸葛亮。”一支管理精良的团队具有这样的优势：可以代表公司内部的多方利益；可以保障企业内部各方对最终协议的坚定执行；可以有效地增强团队成员的自信；让整个团队在整个行业内具有相当的杀伤力。当然，我们在建立团队的时候，不要过多考虑要与对方团队在人数上的比较，因为相较于人很多却臃肿的团队，一个人少而精良的团队要好得多。

此外，在考虑团队优劣互补的时候，我们还需要考虑一些问题。就以谈判团队为例子，有些谈判者喜欢一个人与对手进行谈判，因为他们喜欢这种形式所带来的控制感。但即便是最简单的谈判也有其复杂的地方，而且极少有人能在谈判中同时身兼说、听、看和计划这样几项工作。在这时，若是有一个精良的谈判团队，那必然会赢得头筹。

巴菲特觉得，当我们在组合一个团队的时候，所需要达到的宗旨是凝聚起来的力量应该是巨大的，而不能是“1+1<2”的效果，也就是说，尽量做到互补，尽可能综合所有的力量。

1. 明确团队的人员组成原则

在组建团队时，需要考虑两方面的内容：一方面是需要成员具有良好的专业基础知识，而且能快速有效地解决实际运作中可能出现的问题；另一方面是参加团队的人员必须关系和谐，可以求同存异。简单地说，就是需要成员遵循知识的互补性，包括性格、能力的互补。

2. 对团队成员数量进行有效的控制

团队的成员是不是越多越好呢？当然不是，以少量的人做更多的事情，这才是团队所要达成的目标。比如，谈判团队需要多少人才适合呢？国内外的专家普遍认为大概需要6个人组成，其主要是谈判管理员、经济人员、技术人员、法律人员、翻译人员、记录人员这六个人组成。人员的搭配要合适，也可以适当作出调整。

拥有属于自己的核心团队

在投资界，巴菲特认第二，就没有人敢认第一。不过，关于投资，这只是巴菲特的一个方面，远不是他的全部。巴菲特不仅擅长于投资股票，更是一个优质团队的领导者。可以说，他是一个成功、卓越的实业型企业家。巴菲特旗下的伯克希尔哈撒韦公司吸金3000多亿美元，拥有400多家明星企业，经营业务几乎覆盖了鞋业、家居、建材、能源、报业等。虽然在许多人看来这些不过只是传统的业务，但在巴菲特所领导的团队的经营下，它们都取得了巨大的成就。这证明巴菲特不仅是成功的股票投资者，而且是一个擅长组建团队的优秀领导者。

在伯克希尔·哈撒韦投资公司，也就是巴菲特旗下有9位高管，在每个高管身上，都深深地烙上了美国商业精神乃至美国精神的印记，如冒险精神、团队精神、创新精神、品牌精神等等。在巴菲特的团队身上，我们可以感受更多的东西。

从伯克希尔·哈撒韦公司的经营业务范围以及发展可以看到，巴菲特的股票投资理论与企业投资理论是一脉相承的。受巴菲特股票投资的影响，伯克希尔·哈撒韦公司长时间注重“传统企业”投资，并且赢得了巨大的成功，这其实也归功于巴菲特的价值理论。在价值理论的核心，巴菲特一直相信商品、商业的市场价值来自其内在的价值而非其他。也正因为这样，巴菲特在股票投资上采取了相似的选择股票的方法，同样赢得了成功。从这个角度看，所谓的传统产业，假如可以被市场认可价值，一样商机无限。

伯克希尔·哈撒韦投资公司的成功显著地展现了团队的力量。我们可以看见，并不是巴菲特一个人在战斗，在巴菲特的台前幕后，一个优秀的团队是他成功且经久不衰、越斗越强的坚实基础。可以说，这个优秀的团队经营管理优秀的企业，提供“价值”的坐标系和参照系，为巴菲特的企业帝国和股票王国提供了源源不断的支持。

因为喜欢投资，巴菲特成了最成功的投资家；因为喜欢投资，他组建了属于自己的团队。我们都坚信这样一个道理，资本的力量是毋庸置疑的，巴菲特在华尔街这样一个充满“阴谋”“欺诈”的肮脏世界里保持着良好的声誉，这源于其价值理论，更源于他及其团队的商业价值和社会价值理念。而巴菲特旗下的公司力量以及团队的力量，也被巴菲特发挥到极致，从而造就了其伟大的企业帝国——伯克希尔·哈撒韦公司。

对于一个单独的个体而言，是极需要团队的力量的，因为有了团队才可以凝聚最强大的力量。俗话说：“一个好汉三个帮。”仅仅凭借着一个人的力量是难以有所作为的，因为一个人总是顾及这边却忽略了那边，他身上往往只有部分优点，而缺点也有一些，这样一来，当他去干一些事情的时候，总会显得力不从心。而当无数个个体组合在一起的时候，种种细微的力量就凝聚了起来，也就是说，团队的力量是惊人的。在生活中，我们所看到的所谓成功者，难道是他一个人在战斗吗？当然不是，在他的背后，永远会有一个团队、一个智囊团在支持他，于是，他才有了最后的成功。

虽然巴菲特被誉为世界著名的投资大师，但他仅以自己为荣吗？当然不是，他更以旗下的伯克希尔·哈撒韦公司为荣，因为这一个优秀的团队才是最值得他骄傲的地方。像巴菲特这样有着异常天赋的投资家也需要组建属于自己的团队，更何况生活中的我们呢？在生活中，当我们觉得自己一个人无法去完成一件事情的时候，我们就应该想到组建属于自己的团队，只有这样，我们才能最大程度凝聚团队的力量，从而走得更远。

1. 把所有力量拧成一股绳

团队就是一个核心，是一个综合体，它凝聚了所有成员的力量，可以达到互补的效果。比如说，在团队中，有的人擅长这个，而在其他方面却不怎么样；而有的人恰好相反，他擅长前者不擅长的，这样一来，两个人组合在一起，那就是绝对完美的组合。

2. 有团队的观念

当然，当我们在组建团队的时候，心里一定要有一个团队的概念，也就是在任何时候都需要考虑到团队成员的意见。巴菲特虽然是世界著名的投资大师，但他从来不觉得自己可以脱离团队而独立存在，在他看来，伯克希尔·哈撒韦公司以他为荣，而他更以这个投资公司为荣。在他决策的时候，在他思考的时候，他需要这个团队的力量，他从来不单枪匹马地作决定，因为这不仅是对团队的不尊重，也会为自己的决策带来不好的影响。

合作共赢，重视团队力量

现代社会，凡事都讲究合作。所谓合作，就是集合他人或者团队的力量，让所有人齐心协力，奔向共同的目标。从这句话中我们不难发现，要想合作，首先要有共同的目标。的确，共同的目标是合作的基础。假如一个团队中每个人都有着各自的目标，而没有共同的利益，那么合作也就无从谈起。很多人身上都还有着个人英雄主义的观念，他们觉得可以凭借一己之力获得成功。当处处碰壁，发现自己胳膊拧不过大腿的时候，他们才恍然大悟：一个人即使能力再强，也必须依托团队的力量。尤其是在现代的职场上，每个人都必须依靠同事间的配合，才能更加快速地成长、成熟。其实，合作意识早就被提出了，民间所说的“一个好汉三个帮，一个篱笆三个桩”，说的就是这个道理。

古人云，智者千虑，必有一失；愚者千虑，必有一得。一个人即使思虑再深，也不可能把问题的方方面面考虑得滴水不漏。而再怎么愚笨的人，如果深思熟虑，也会想出一个不错的主意。我们甚至可以说，只要集合团队的力量，即便整个团队都是愚者，也比一个人的智慧高强很多。在处处讲究合作才能共赢的今天，不管你是代表一个团队，还是代表一家企业，或者只代表自己，都要拥有合作意识，主动积极地寻求合作的机会。当你作为个人与团队其他成员合作的时候，千万要摒弃一切个人英雄主义的思想。如果说团队是个严丝合缝的水桶，那么，每个人，即使是毫不起眼的人，也都是这块木桶的一分子。缺少任何一块木板，都会影响整只木桶的容量。在与团队成员合作的时候，我们必须心怀整个团队的利益，以大局为重，不要处处计较个人的利益。就像我们的祖国遭遇外敌入侵的时候，所有的中国人都齐心协力抵抗侵略一样，没有大家，哪里来的小家呢？在团队合作中，我们还要磨平自己的棱角，这样才能合作融洽。每个人都有自己的个性，但是团队合作并不是讲求个性的地方。所有团队成员必须同心同德，有足够的默契和信任，才能争取团队利益最大化。要想做到这一切，我们必须牢牢树立一个观念——合作才能共赢。别说我们小小的个人，即使是很多世界知名企业之间，也都开始大力合作。用别人的长板补足自己的短板，也许你的短板对对方来说恰恰是长板，如此一来，皆大欢喜，何乐而不为呢？现代社会，一切企业和个人的发展，都不再处于拼得你死我活的时代，而是进入了合作共赢的时代，这是大势所趋。

刚刚从象牙塔里出来时，杜威觉得自己简直就是无所不能的神。他觉得自己经过几年的寒窗苦读，一定比单位里那些经验丰富、学历不高的老员工高明许多。然而，事实是，他处处碰壁，虽然肚子里都是大学时代掌握的知识，却遗憾地发现理论知识和现实实践相差甚远。

有一次，心高气傲的杜威主动申请负责公司远在昆明的项目。也许是觉得年轻人需要历练，也许是重视杜威的研究生学历，领导居然真的把这个项目交给他负责了。杜威意气风发地走马上任，自以为是项目指导。然而，在实际操作过程中，杜威犯了极其严重的错误，导致整个项目都面临停工的危险。这下子，自以为是的杜威慌了手脚，赶紧打电话向北京总公司求救。他把问题说得很严重，不想，公司领导却轻描淡写地说：“没关系，我把程工派去帮你。”“程工？”杜威脑海中马上浮现出程工的模样。程工已经四十多岁了，是个非常沉默寡言的人。每次开会，他从不发言，让人几乎忽略了他的存在。“程工能行吗？”杜威很怀疑程工的能力。领导却斩钉截铁地说：“只要你和他合作，取长补短，你们肯定没问题。”在忐忑不安中，杜威终于迎来了程工。说心里话，他并不认为程工能解决问题。在仔细研究项目之后，程工轻而易举地找到了杜威的错误，并且给出了切实可行的解决方案。如此一来，杜威对程工佩服得五体投地。他设宴为程工庆功，程工却不以为然地说：“你的项目做得很好，毕竟你是年轻人，有现代化的观念。你错的地方只是因为经验不足，这样的事情我经历过很多次了。”至此，杜威才明白领导为何让他与程工好好合作。在杜威和程工的通力合作下，项目很快就顺利完成了。回到公司之后，杜威就像变了一个人，再也不妄自尊大、自以为是了。对于公司里很多老工程师，虽然学历没有他高，他却毕恭毕敬地向他们学习经验，弥补自己的经验不足。

每个人都有自己的长处和短处，不但工作中如此，生活中也是如此。在上述事例中，如果没有程工用丰富的经验帮助杜威解决难题，只靠他自己摸索，也许还需要漫长的时间。在工作中，每个人都应该取长补短，这样才能互为促进。举个最简单的生活中的例子，在一个家庭中，也许妈妈很擅长做美食，那么爸爸就会负责洗碗、拖地、洗衣服。要想维持家庭生活的正常运转，爸爸妈妈就要在工作之余分工合作，这样才能顺利做完家务。也有可能，爸爸擅长拖地，那么妈妈就会负责洗衣服，这是同样的道理。

合作才能共赢的意识，不但应该为企业所用，也应该为每个人所用。大到国家大事，小到家庭生活的琐事，都必须努力协调，取长补短，才能得到更好的解决和发展。年轻人们，你作好合作的准备了吗？赶快张开双臂拥抱你的合作伙伴吧！

再强大的人也需要他人的帮扶

在文学作品或影视剧中，我们不难看到，很多恋情的终结、家庭的破裂，甚至是人生的颠覆，都是因为大男子主义或者为他人着想的善心在作怪。在遇到困难的时候，很多人，尤其是男性，都习惯于一个人去抗。他们不会把困难告诉自己最亲密的爱人和家人，并且美其名曰为他们考虑，不想让他们跟着担惊受怕。然而，最终的结果往往无法尽如人意。家人和爱人的确没有跟着担惊受怕，却因此对其产生了误解和猜疑，使原本的好事变成了坏事，使应该令人感动和感激的事情引来怨愤，甚至导致恶果。在观看这些作品的时候，观看的人常常又气又急，简直称得上是气急败坏。看着男女主角不停地兜圈子，终究因为对彼此的爱和呵护而导致有缘无分，真是莫大的遗憾。尽管如此，现实生活中，也依然上演着这样的情节。其实，男性朋友们，你们根本无须为了证明自己的勇敢和坚毅，而独自承担所有的事情。要知道，一家人在一起就是应该相互帮助，彼此扶持。如果遇到问题只是一个人扛着，不但会遭到误解，还会因此而导致恶果。换个角度来说，遇到问题不分担，是对家人和爱人的不信任，也剥夺了他们的知情权。

古人云，一根筷子被折断，十根筷子抱成团。每个人，都有权利在生活中承担苦与乐，没有任何人能够剥夺他们这种权利。文艺作品中，有的女主角一旦身患绝症，就会玩失踪，留下男主角一个人痛苦悲戚，直至自己默默地撒手人寰。其实，相爱的人理应一起走过人生的最后岁月，当你因为爱和呵护特意隐瞒实情的时候，又如何知道莫名其妙被抛弃的他不会更加痛苦和绝望呢？而且，陪伴所爱的人走过人生的最后一段岁月，对于活着的人来说也是莫大的安慰。试想，当被莫名其妙抛弃一段时间后，突然惊闻所爱的人已经离开人世或者奄奄一息，那是怎样的心痛？大凡这么做的人，都是以爱的名义做着自私的事情，只顾自己心中安慰，丝毫不顾及爱人和家人的感受。既然古人都知道人多力量大的道理，我们为何不把所有的快乐都与爱人分享，也把所有的痛苦都与爱人分担呢？真正的爱情，不但能够一起享福，也能一起吃苦。只有这样的爱情，才是真正的爱情。

最近，李楠因为开办公司失败，在外面借了巨额债务。为了逃避债主的追债，他从来不告诉家里人自己的近况，而是一个人跑到海南躲了起来。然而，债主们齐心协力，找到了他的家乡，对他爸爸妈妈以及兄弟姐妹说了李楠的情况。为此，家里人都担心极了。他们也没有李楠的消息，很害怕李楠是不是一时想不开，做了傻事。然而，看着儿子亲笔书写的欠条，年迈的父亲毅然对债主们作出了真诚的承诺："你们放心吧，你们都是帮助过李楠的好心人。我虽然收入不高，但是我一定会省吃俭用，帮助儿子还债的。不管走到天涯海角，我也会把李楠找回来，让他勇敢面对自己的责任。"看到李楠父亲真诚的样子，债主们离开了李家。

一个多月后，父亲通过李楠打回家里的电话，知道了李楠藏身的地方。尽管他再三询问李楠，李楠都说没有任何事情，但父亲还是和一个侄子一起千里迢迢地去了海南，而后花了足足半个月才找到李楠。看着儿子胡子拉碴的憔悴的脸，父亲心疼不已。他埋怨道："你这个孩子啊，从小就有主意。出了这么大的事情，你为什么不告诉家里人呢！好歹，我们也能为你想想办法呀！"李楠忧愁地说："爸爸，我欠的债不是一星半点，你们都帮不了我。你们回去吧，我自己会想办法的！"父亲不由分说地把李楠带回家里，一起商量对策。回家之后，李楠才知道，父亲卖掉了自己去年刚刚修建的楼房，又搬回了低矮的平房。如今，兄弟姐妹们也纷纷伸出援手，再加上父亲的卖房款，已经凑了一百万给债主。看到年迈的父母住在低矮的平房里，李楠伤心地哭了。

因为暂时没有多余的钱还给债主，李楠在兄弟姐妹的帮扶下，开设了一家养鸡场。如今，鸡的生长发育很快，短短几个月就能出笼，既不需要占用大量资金，也能够尽快回笼资金。以前，李楠一直不把家里的小生意看在眼里，如今，他凭借养鸡场，很快就打开销路，赚了不少钱。尽管还不足以偿还债务，但是也胜过东躲西藏地过日子。现在的李楠，非常感激家人的帮助。

每个人都不可能仅仅依靠自己的力量活着，在最艰难的时刻，原本默默无闻的家人，也许就是我们最坚强的依靠。不认输的李楠，在家人的扶持下，很快就凭借养鸡场的业务有了起色，这也算是一个很好的开始吧。

不管什么时候，人多总是拥有更多的智慧和力量，总是拥有更多的好主意。一根筷子轻轻松松就会被折断，十根筷子牢牢抱成一团，就很难被折断。年轻人们，永远不要小看自己的家人，即使他们没有出色的能力，也拥有一颗永不抛弃你的心。

在人与人之间越来越冷漠的今天，能够拥有不离不弃的家人的支持，是多么幸运的事情！人多力量大，尤其是当大家万众一心的时候，就更加精诚团结，牢不可破。每个人都希望自己的力量是最强大的，然而，一个好汉三个帮，再强大的人也需要他人的帮扶。

参考文献

[1]沐丞. 职场精进之路——从巨婴到大咖[M]. 北京：清华大学出版社，2018.

[2]张然. 职场达人谋求升迁那些事儿[M]. 北京：中国商业出版社，2012.

[3]江乐兴. 职场升迁路线图[M]. 北京：北京工业大学出版社，2011.

[4]吴科. 职场升迁术[M]. 北京：外文出版社，2011.

[5]王贵水. 职场升迁非常道[M]. 北京：北京工业大学出版社，2013.